최소 반찬

최소 반찬

초판 1쇄 발행 2019년 02월 01일

글	고영리
그림	김민경
발행인	조상현
마케팅	조정빈
편집인	김유진
디자인	나디하 스튜디오
펴낸곳	더디퍼런스

등록번호	제2018-000177호
주소	경기도 고양시 덕양구 큰골길 33-170
문의	02-712-7927
팩스	02-6974-1237
이메일	thedibooks@naver.com
홈페이지	www.thedifference.co.kr

ISBN	979-11-61251-76-9 14590
	979-11-61251-75-2 (세트)

최소 반찬

소소하고 확실한 최소한의 어덜트 교과서

더디퍼런스

 들어가는 말

당신만의 레시피를 만들어 가세요!

꽤 오래 전, 제법 큰 회사를 운영하고 있는 CEO를 인터뷰할 기회가 있었다. 여자 분이었고 일과 가정을 모두 튼실하게 유지하기 위해 오랜 세월 고군분투해 온 사람이었다. 이것저것 사업과 삶에 대한 이야기를 물어보고 마지막 질문까지 다 하고 나서 일어나려는데 그녀가 갑자기 내게 질문을 했다.

"어머니가 해 준 반찬 중에 뭐가 제일 맛있었어요?"

너무 뜬금없는 질문이라 잠시 머뭇거리다 솔직히 말했다. 사실 엄마 반찬이 다 맛있어서 뭐가 가장 맛있다고 말씀드리기가 힘들다고 말이다. 그러자 그녀는 너무 부러운 얼굴로 이렇게 말했다.

"진짜 부러운 삶이네요. 우리 애들은 사 먹는 게 가장 맛있다고 그러던데!"

민망한 듯 웃으며 말하는 그녀를 보며 나 역시 멋쩍게 웃었지만, 솔직히 어깨가 좀 으쓱했다. 아마도 그날 인터뷰 주제가 가정과 일의 균형이었기에 그 끝에 날아 온 질문이었으리라.

그 후에도 집에서 맛있는 반찬을 먹는 것은 종종 '어깨 으쓱할 일'이 되었다. 친구들이 집에서는 못 먹는다며 많이 먹고 가야 한다고 욕심내는 식당 반찬도 내게는 집에서 흔하게 먹는 것일 때 그랬다. 몸이 아픈 날에 엄마 반찬 몇 개에 밥 한 그릇 뚝딱 할 때도 그랬다. 내게는 다행, 엄마에게는 피곤한 일이지만 엄마는 정말 반찬 솜씨가 좋아서 엄마가 차려 주는 밥상은 늘 행복하다.

물론, 변덕스러운 성격에 똑같은 반찬이 나오면 투정을 부리고, 짜면 짜다 달면 달다 잔소리를 죽죽 늘어놓는 얄미운 딸이다. 그래도 엄마 반찬은 어떤 산해진미보다 맛있고 자랑할 만한 것이었다. 그리고 가끔, 밖에서 힘든 일에 지쳐 돌아왔을 때 밥상에서 느껴지는 그 단짠단짠이 내게는 소리 없는 위로가 되기도 한다.

그 위로와 조화의 한 상을 반찬에 담고 싶었다. 솔직히 큰 노하우는 없다. 하지만 한 상에서 균형있고 다양한 맛을 골고루 느낄 수 있도록 구성했다. 그러니 부디 책에 있는 분량과 재료에 얽매이지 않길 바란다. 그저 가이드일 뿐, 당신의 반찬은 당신만의 레시피로 구성되어야 하니까.

● 최소 반찬이란?

최소한으로 만족할 만한 한 끼를 먹기 위해서는 어떤 구성을 갖춰야 할까? 그렇지! 맛의 조화를 이룬 세 가지 반찬이면 충분하다. 김치찌개와 달걀프라이, 그리고 김의 조화를 생각해 보라. 최소 반찬으로 구성된 세 가지는 맛이 크게 겹치지 않고, 식감은 다양하게, 식재료는 낭비되지 않도록 달달하고 짭짤한 반찬을 각한 개씩, 그리고 제철에 구할 수 있는 반찬을 나누어 담았다. 양념은 같은 양념으로 다양하게 활용할 수 있도록 했다. 또한 재료에 따라 전혀 다른 양념으로 요리하여 다양한 맛을 느낄 수 있어서 좋다.

맛있게 먹는 한 끼 식사를 위한 최소 반찬이라는 콘셉트에 맞게 20일간 총 60개의 반찬을 만들고 맛볼 수 있다.

이 책에서 제안하는 반찬은 최소 1~2인, 최대 4인 내외가 즐길 수 있는 분량이다. 개인에 따라 적거나 많을 수 있으므로, 양념과 분량을 입맛에 따라 가감하기 바란다. 무엇보다 신선한 재료로 즐겁게 요리하는 것이 최소 반찬을 맛있게 만들어 먹는 비법이라는 것을 잊지 말자!

● 반찬을 위한 최소 양념

간장

국간장, 진간장, 양조간장, 맛간장 등 세분화되어 있다. 헷갈리면 국간장이 가장 짜고, 진간장, 양조간장, 맛간장 순으로 염도가 낮아진다고 생각하면 편하다. 국간장은 이름대로 국물 요리에, 진간장은 조림이나 무침에, 양조간장은 소스류에 사용한다. 맛간장은 다시마, 게, 새우 등을 넣어 감칠맛을 더하고 염도를 낮춘 것이라 양조간장이나 진간장 대용으로 쓸 수 있다.

고추장, 된장

직접 담가 먹으면 가장 좋으나 시판 장으로도 충분하다. 여러 브랜드를 비교해 보고 입맛에 맞는 것으로 고르면 된다. 된장의 경우, 너무 짜면 메주콩을 사서 삶아 섞어 먹어도 좋다. 단, 이때 빨리 소비해야 한다.

고춧가루

깨끗하게 잘 말려 빻은 고춧가루는 짙은 붉은색을 띤다. 선홍색이 너무 진하면 색소를 썼을 수도 있으니 꼼꼼히 살펴보자. 국이나 무침 요리는 고운 고춧가루를 쓰고, 김치류는 굵은 고춧가루를 쓴다.

후춧가루

시판되는 후춧가루를 써도 되지만, 통후추를 갈아 쓰면 풍미가 훨씬 좋다. 통후추가 필요한 요리에는 그냥 써도 되니 그라인더가 붙어 있는 통후추를 구입하자.

소금

천일염을 쓰는 것이 좋다. 고운 소금은 짠맛이 강하기 때문에 천일염을 갈아서 써도 괜찮다. 허브소금, 함초소금, 핑크 솔트 등 다양한 기능성 소금이 나와 있으니 적절히 활용하자.

매실액
매실을 사서 담가 두면 두고두고 편하게 쓸수 있다. 시중에서 파는 매실액으로도 충분하다.

파
썰어서 푸른 부분과 흰 부분을 나눠 얼린다.

마늘
통마늘, 저민 마늘, 간 마늘을 각각 얼려 보관하면 사용하기 편하다.

생강
갈아서 얼려 두면 쓰기가 편하다. 얼음 틀에 얼려 지퍼백에 담아 보관하면 하나씩 꺼내 쓰기 쉽다.

그 외
깨, 설탕, 꿀, 청고추, 홍고추, 식초, 마요네즈 등

● 반찬이 더 맛있어지는 볼거리

◇ **아베 야로 《심야식당》**

드라마와 영화로도 만들어진 원작 만화책이다. 요리인 듯 반찬
인 듯 맛있는 한 끼가 소개된다. 무엇을 해 먹을지 고민될 때
아이디어를 얻을 수 있다.

◇ **토치 우에야마 《아빠는 요리사》**

반찬은 물론이고 특별한 요리까지 다양하게 접근할 수 있다.
한 에피소드가 끝나면 그 요리의 상세한 레시피를 설명해 주
는 보물 같은 만화이다. 레시피만 모아서 따로 발간할 정도로
내용이 아주 풍성하다.

◇ **심방골 주부(유튜브)**

음악, 자연의 소리를 배경으로 소박하게 만드는 집반찬의 레시
피를 알려주는 채널이다. 시골 주부의 오랜 노하우를 배울 수
있다. 집밥 반찬에 최적화되어 있는 채널이다.

◇ **만개의 레시피 www.10000recipe.com**

있어야 할 반찬의 레시피는 여기에 다 있다. 평소 먹는 반찬 외
에도 좀 더 특별한 날 먹고 싶은 반찬과 요리까지. 만개의 레시
피라는 이름답게 다양하다.

차례

1
일
차

짠맛 ● 단맛 ● 담백한 맛

달걀장
채소구이
잣소금 소고기구이

달걀노른자는 간장과 만나면 은은한 단맛이 난다. 밥에 넣고 비비면 치즈처럼 끈적해지는데 이것이 매력이다. 맛있다고 한번에 여러 개를 만드는 건 추천하지 않는다. 간장이 노른자의 수분을 빨아들이기 때문에 하루만 지나도 노른자가 딱딱하게 굳기 때문이다. 아침에 만들어서 저녁에 먹거나, 전날 저녁에 만들어서 다음날 아침에 먹는 게 가장 맛있다.

야채는 싱싱하게 샐러드로 먹어도 좋지만 구워서 먹으면 야채가 가지고 있는 본연의 단맛이 은은하게 입맛을 돋워 준다. 다른 양념도 필요 없이 소금과 후추면 충분하다. 모듬 구이에 버터 한 조각을 더하면 풍미가 훨씬 좋아진다. 버터 한 조각은 소고기를 구울 때도 고기 맛을 끌어올리는 포인트가 된다.

간단한 밥도둑,
달걀장

어떤 재료보다 쉽게 구할 수 있는 달걀과 어느 집에나 있는 간장만으로 만들 수 있는 쉬운 요리 달걀장. 간단한 요리지만 그 맛은 어떤 밥도둑 보다 강력하다. 복잡한 조리법 없이도 만날 수 있는 반찬을 만들어 보자.

🍳 재료(4인분)

달걀 4개, 간장 1컵, 맛술 2큰술, 설탕 1/2큰술

*이 책에서 컵은 종이컵 계량이다.

🍽 순서

1   달걀은 노른자와 흰자를 분리해서 노른자만 모아 둔다.

2   간장에 맛술과 설탕을 넣어 녹인다.

3   모아 둔 노른자에 ②번 간장을 살며시 부어 자작하게 잠기게 한다.

4   6시간 이상 지난 후 노른자를 건져 밥에 비벼 먹는다.

TIP

삶은 달걀로도 달걀장을 만들 수 있다. 이때 반숙으로 삶은 달걀로 만들면 훨씬 쫀득하고 맛있는 달걀장을 만들 수 있다. 대파나 양파를 한 줌 정도 넣으면 맛이 더 풍부해진다.

남은 채소를 한번에,
채소구이

요리를 해 먹다 보면 꼭 한두 개씩 채소가 남는다! 우르르 모아 피클을 만들어도 좋지만 바싹 구워서 모듬 채소구이를 하면 한 끼 반찬으로 훌륭하다. 딱딱한 채소는 슬쩍 데쳐서 구워 주는 것이 포인트.

🍳 재료(4인분)

당근 1/2개, 양파 2개, 애호박 1개, 마늘 10쪽 내외, 대파 흰 부분 1개, 가지 1개, 아스파라거스 2개, 버섯 4개, 버터 1큰술, 소금 · 후추 약간

🍽 순서

1   각종 채소를 비슷한 크기로 썬다.

2   당근은 살짝 데쳐서 건져 두고, 양파는 둥글게 썰어 물에 담근다.

3   마늘은 큰 것은 편으로 썰고 작은 것은 그냥 둔다.

4   버섯과 가지, 아스파라거스는 길이에 맞춰 썬다.

5   대파는 아래 뿌리만 잘라 내고 한 입 크기로 썬다.

6   기름 없는 팬에 대파, 마늘, 가지, 버섯 등을 노릇하게 굽는다.

7   아스파라거스, 당근, 양파, 호박은 버터에 볶듯이 굽는다.

8   후추와 소금으로 간한다.

TIP

오븐이 있다면 버터 녹인 물을 바른 뒤 한꺼번에 구워도 된다. 꼬치에 끼워 구우면 손님상 요리로 충분하다.

고소한 소금이 입맛 돋우는,
잣소금 소고기구이

양념 없이 구워 먹는 고기의 화룡점정은 찍어 먹는 소금에 있다. 최근 다양한 향신료가 첨가된 소금이 많이 나오고 있지만, 고기의 맛을 살려 주는 순수한 소금 맛에 약간의 위트를 부려 보면 어떨까?

📊 재료(2인분)

구이용 소고기 300g, 맛술 2큰술, 잣 2큰술, 소금 1큰술, 버터 약간,
후추 약간

🍽 순서

1   소고기는 맛술을 뿌려 살짝 재워 둔다.

2   버터를 녹여 소고기를 구워 준다. 취향에 따라 바짝 익히거나 조
    금 덜 익혀도 무방하다.

3   잣과 소금을 블랜더에 곱게 갈아 준다.

4   구운 소고기를 담고 옆에 잣과 소금을 소복하게 올려 준다.

TIP ──

잣은 기름기가 많아서 한꺼번에 갈면 뭉치기 십상이다. 소금에 조금씩 넣
어가며 엉기지 않게 갈아 준다.

지금 내가 먹고 싶은 맛

"달걀 하나 먹어. 그러면 얼추 배불러."

한창 먹고 싶은 것이 많았던 성장기, 먹고 돌아서면 배고프다는 말과 함께 냉장고를 열었다 닫았다 하는 내게 엄마는 늘 '달걀 하나'를 먹으라고 하셨다. 그럴 때 내가 할 수 있는 레시피는 둘 중 하나였다. 프라이팬에 톡 깨트려 부쳐 먹거나, 냄비에 물을 넣고 삶아 먹는 것뿐이었다. 맨날 반복되는 두 개의 요리가 지겨워 냉장고에서 달걀 하나 꺼내 들고 멍하게 서 있으면 엄마는 혀를 쯧쯧 차며 내 손에서 달걀을 가져다 후딱 조리해 주시곤 했다.

식빵 가운데를 파낸 후 달걀을 넣고 지져 내며 위에 햄 조각을 올려 구워 주거나, 남은 채소들을 쫑쫑 썰어 넣고 후다닥 오믈렛을 해 주거나, 지단을 부친 후 명란젓을 가늘게 늘어놓고 돌돌 말아 짭짤한 달걀말이를 해 주는 식이었다.

신기한 것은 밖에서 사 먹는 음식은 제아무리 맛있어도 몇 번 먹으면 질리는데, 엄마의 달걀 요리는 매일 먹어도 늘 맛있게 먹을 수 있다는 점이다. 그때그때 들어가는 재료가 조금씩 달라서 맛도 색달랐겠지만, 엄마만이 아는 '지금 내 아이가 먹고 싶은 맛'을 알아차리는 감각 덕분이었을 것이다. 기분에 따라, 혹은 직전에 먹은 것이 무엇이냐에 따라 좀 달달한 것이 먹고 싶을 때도 있고 깊은 맛을 원할 때도 있고 짭짤한 것이 먹고 싶을 때도 있는데 엄마는 참으로 기막히게 그 애매한 취향을 귀신같이 맞혔다.

덕분에 우리 집 냉장고에는 달걀이 떨어지는 날이 없었고 지금도 그렇다. 가장 만만하게 그리고 간편하게 한 끼 반찬을 만들 수 있고 특별한 조리 없이 삶거나 굽거나 부치기만 해도 그럴듯한 요리가 되니 말이다. 특히 요즘에는 압력밥솥으로 만든 구운 달걀에 푹 빠져 있다. 한 번 구우면 며칠 두고 먹어도 되고, 적당히 짭짤하고 맛있어서 출출할 때 간식으로 그만이다. 이렇게 만든 구운 달걀은 면 요리에 반으로 갈라 얹어 먹거나 라면을 끓일 때 함께 먹어도 별미이다.

이처럼 다양하게 활용할 수 있는 달걀이 냉장고 안에서 자취를 감추는 일은 당분간, 아니 앞으로도 없을 것 같다.

2
일
차

짠맛 ● 감칠맛 ● 단맛

돼지고기 생강구이
삼색나물
가지볶음

밑반찬이 밑반찬인 것은 메인 요리가 아님에도 자꾸 손이 가고 밥과 함께 어우러졌을 때 그 맛이 두 배 세 배로 더해지기 때문이 아닐까. 나물은 처음에 손질할 때는 손이 많이 가는 것 같지만 일단 데쳐서 숨이 죽고 나면 아무리 산더미 같은 양이었더라도 부피가 훅 줄어든다. 간장 양념과 고추장 양념만 숙지하면 다양하게 응용 가능하기에 한 번에 여러 개를 할 수 있기도 하다.

돼지고기는 우리에게 참 친숙한 고기임에도 불구하고 구워 먹는 것 외에 다양한 요리를 하지는 않는다. 의외로 양념과 잘 어우러지니 밥 반찬뿐 아니라 별식으로도 그만이다.

가지는 그 식감이 폭신한 만큼 양념을 스펀지처럼 빨아들인다. 특히 기름을 잘 머금기 때문에 자칫 느끼하게 조리될 수 있으니 주의하자.

달콤하고 산뜻한 맛,
돼지고기 생강구이

자칫 고기 비린내가 나기 쉬운 돼지고기와 생강은 궁합이 좋은 식재료이다. 돼지의 냄새도 잡고 식감도 살리는 생강으로 만든 돼지고기 생강구이는 반찬으로도 좋지만 덮밥으로도 훌륭한 음식이다.

🍲 재료(2~4인분)

돼지고기 목살 350g, 간장 1컵, 물 1컵, 맛술 1/2컵, 편생강 1컵, 설탕 1 큰술

🍛 순서

1 간장, 물, 맛술, 설탕을 섞어 양념을 만든다.

2 돼지고기는 한 입 크기로 썰어 기름을 약간 두른 팬에 반만 익힌다.

3 편으로 썬 생강을 넣고 한 번 뒤적이고 양념장을 넣어 완전히 익힌다.

TIP ────────────
설탕 대신 시중에 파는 생강청을 활용하면 향과 맛이 더 좋다. 덮밥을 만들 때는 물을 1/2컵 정도 더 넣어 국물을 좀 더 만든다.

명절 단골 반찬, 삼색나물

도라지, 시금치, 고사리는 흔히 만날 수 있는 나물이다. 이 세 나물을 무치는 것만 익숙해지면 다른 나물에도 적절히 응용할 수 있다. 제철 나물뿐 아니라, 말린 나물로도 충분히 가능하다.

🍲 재료(4인분)

말린 고사리 50g, 시금치 400g(한 단), 도라지 200g, 간장 1/2컵, 다시마 육수 1/2컵, 국간장 3큰술, 다진 마늘 3큰술, 볶은 깨 약간, 참기름 약간, 굵은 소금 1/2큰술

🍲 순서

1. 말린 고사리는 반나절 정도 물에 불렸다가 끓는 물에 20분 정도 삶는다.

2. 시금치는 밑동을 자르고 물에 씻은 뒤, 굵은 소금을 넣고 끓인 물에 빠르게 데쳐 찬물에 담근다.

3. 껍질 벗긴 도라지는 소금을 넣고 박박 문질러 부드럽게 만든 뒤, 끓는 소금물에 넣어 살짝 데친다.

4. 고사리는 참기름을 넣고 버무린 뒤, 다시마 육수 1/4컵과 국간장 1큰술, 다진 마늘 1큰술을 넣고 끓이듯 볶는다.

5. 시금치는 물기를 꼭 짠 뒤, 국간장 1큰술, 다진 마늘 1큰술, 참기름을 넣고 무친다.

6. 도라지는 국간장 1큰술, 육수 1/4컵, 다진 마늘 1큰술을 넣고 끓이듯 볶는다.

7. 나물에 깨를 뿌려 마무리한다.

TIP

나물은 처음에 간을 강하게 하면 점점 더 짜질 수 있으니 처음에는 좀 심심하게 간을 하고, 나중에 입맛에 맞춰 간장이나 소금으로 간을 추가한다.

자꾸 손이 가는 감칠맛, 가지볶음

폭신한 식감이 매력적인 가지는 구워 먹어도 볶아 먹어도 맛있는 매력적인 식재료이다. 조직이 단단하지 않기 때문에 양념을 많이 머금는 성질이 있으니 양념의 양에 주의해야 한다.

🍱 재료(2인분)

가지 3개, 양파 1/2개, 간장 4큰술, 설탕 1/2큰술, 다진 마늘 1/2큰술, 다진 파 1큰술, 식용유 2큰술, 깨 약간, 참기름 약간

🍽 순서

1 가지는 반달 모양으로 썰어서 전자레인지에 10초 정도 돌려 살짝 익힌다.

2 식용유와 참기름을 섞어 달군 팬에 두른 뒤, 양파와 다진 마늘 절반을 넣고 볶는다. 양파가 반쯤 익었을 때 가지를 넣고 빠르게 볶아 준다.

3 간장, 설탕, 남은 다진 마늘을 섞어 위에 뿌리듯 붓고 뒤적이며 볶아 준다.

4 깨로 마무리한다.

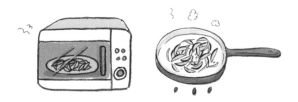

TIP
가지로 나물을 만들 때는 길쭉길쭉하게 썰어 전자레인지에서 1분 정도 익히면 데친 것처럼 된다. 꼭 짜서 물기를 없앤 뒤 무치면 식감이 살아난다.

하카타와 돼지고기 생강구이

좀 추운 겨울날이었다. 오래 끌었던 일이 끝이 나고 밀려오
는 허전함에 안절부절못하던 며칠이 무심하게 흘렀다. 돈이
넉넉했던 것도 아니고 꼭 가야 할 이유가 있었던 것도 아닌데
SNS를 보다가 무심결에 일본 하카타를 보았다. 불빛이 잔잔
한 나카스 강변, 그 수변길을 따라 포장마차 같은 것들이 쭉
서 있었다. 목도리를 칭칭 감은 사람 하나가 돼지고기구이와
함께 따뜻한 일본 술을 마시는 장면이 그림처럼 내 마음에 꽂
혀 들었다.

홀린 듯 비행기 표를 검색했고 KTX 서울-부산 왕복 금액보다
조금 더 비싼 가격에 티켓을 샀다. 그리고 다음 날 이른 아침
에 무작정 후쿠오카행 비행기에 올랐다.

오전 여덟 시도 안 된 시간에 도착한 후쿠오카 하카타는 출근

길에 번잡한 서울과 다를 것이 없었다. 며칠 머물지도 않을 거라 단출히 들고 온 배낭을 메고 느리게 나카스 강변으로 걸어갔다. 한강보다도 작고 신도시마다 하나씩은 있는 00천보다는 약간 넓은 강이 아주 느리게 흘렀다. 마침 강변 주변에 고즈넉한 카페가 하나 열려 있기에 들어가 커피를 시켰다. 그 한 잔을 세 시간 동안 마시고는 해가 질 때까지 강 주변을 어슬렁거렸다. 배가 고팠지만 첫 끼는 꼭 강변에 늘어선 포장마차(야타이)에서 돼지고기 생강구이를 먹고 싶었다. 굳이 그러지 않아도 되었지만 그럼에도 불구하고 그리 해 보고 싶은 기묘한 고집이었다.

겨울이라 다행히 해는 빨리 졌고 어둑해진 강변에는 포장마차가 하나둘 모여들어 조명을 밝혔다. 준비가 가장 먼저 끝난 듯 '영업중'이라는 표시를 건 집을 발견하자마자 포장마차의 가리개를 열고 들어가 자리를 잡고 앉았다. 그리고 돼지고기 생강구이와 함께 잔술을 한 잔 주문했다. 불 맛을 살짝 입힌 돼지고기는 달았다. 비계는 적당했고, 느끼함이 올라올 즈음 알싸하면서 새콤한 생강이 입안을 상쾌하게 만들어 젓가락질을 멈출 수 없게 했다. 결국 두 번을 더 주문해 먹고서야 한국에서부터 내내 맴돌던 허전함이 메워지는 듯 만족감이 올라왔다. 음식을 먹는 8할은 기억이라 했던가. 그래서인지 지금도 돼지고기 생강구이를 만나면 꼭 그날 저녁이 떠오른다. 등허리가 얼게 추웠던 나카스 강변의 작은 포장마차가.

3
일
차

고소한 맛 • 매운맛 • 신맛

소고기 오이볶음
콩나물 매콤무침
해초무침

오이와 해초는 모두 호불호가 강한 식재료 중 하나이다. 오이는 '오이 hater'라는 말이 있을 정도로 특유의 풀 비린내 때문에 싫어하는 사람들이 많다. 해초 역시 비리고 식감이 이상하다는 이유로 좋아하는 사람과 싫어하는 사람이 나뉜다.

하지만 이들 음식도 조리하는 법에 따라 접할 수 있는 접점이 넓어질 수 있다. 오이는 익히면 그 풀내가 좀 없어진다. 해초 역시 새콤달콤한 양념과 어우러지면 특유의 식감이 독특한 매력으로 변한다. 콩나물도 식감을 따지자면 지지 않는다. 특유의 아삭함이 나물로 무쳐도 그대로 유지되기 때문이다.

요리란 그 식재료가 가진 본연의 특징을 살리는 게 가장 좋다. 하지만 식재료의 맛을 살짝 숨겨서 싫어하는 사람들이 좀 더 편안하게 도전해 볼 수 있도록 도와주는 매개체가 되기도 한다.

심심하면서도 아삭한,
소고기 오이볶음

언뜻 보면 어울리지 않을 것 같은 소고기와 오이는 생각보다 궁합이 좋다. 아삭하게 오이의 식감을 살리면서 익히는 것이 포인트. 그냥 먹어도 맛있지만 볶은 것을 만두소로 활용하면 여름 별미 만두를 만들 수 있다.

🔲 재료(1~2인분)

오이 1개, 다진 소고기 50g, 간장 1/2큰술, 맛술 1/2큰술, 설탕 1/2큰술,
다진 마늘 1/2큰술, 참기름, 깨 약간, 굵은 소금 약간

🍽 순서

1   오이는 깨끗하게 씻어 둥글게 썰고 굵은 소금을 뿌려 절인다.
    소고기는 간장, 맛술, 설탕, 다진 마늘을 섞어 버무려 둔다.

2   절인 오이를 물에 헹궈 꼭 짠다.

3   달군 팬에 기름을 두르고 고기를 볶다가 얼추 익으면 오이를 넣
    어 함께 볶는다. 마지막에 참기름을 둘러 맛을 더한다.

4   깨를 뿌려 마무리한다.

TIP
오이의 식감을 좀 더 부드럽게 하고 싶다면 얇게 썰어서 오래 절인다. 만
두소는 오이가 얇을수록 맛있다.

아삭하고 매콤한,
콩나물 매콤무침

콩나물만큼 만만한 식재료가 또 있을까. 어디든 나가서 금세 사올 수 있고 여의치 않으면 작은 항아리에 길러 먹을 수도 있으니 말이다. 그만큼 우리에게 익숙한 식재료인 콩나물, 아삭하게 무쳐서 맛있게 먹어 보자.

⚖️ 재료(4인분)

콩나물 300g

양념: 고춧가루 1큰술, 다진 마늘 1/2큰술, 소금 1/3큰술, 다진 쪽파 2큰술, 참기름, 깨 약간, 소금 약간

🍽️ 순서

1   콩나물은 씻어서 끓는 물에 넣어 익힌다. 물에 넣고 2~3분 정도 익히면 된다.

2   익은 콩나물을 찬물에 담갔다가 건져 물을 뺀다.

3   콩나물에 양념을 넣고 무친다. 참기름과 깨는 가장 마지막에 넣는다.

TIP

콩나물을 익힐 때는 반드시 뚜껑을 연 채로 해야 비린내가 나지 않는다.
소금은 천일염을 갈아서 쓰면 맛이 더 좋다.

바다 한입 가득 먹는,
해초무침

평소에 챙겨 먹기 어렵지만 시중에서 파는 모듬 해초 한 봉지만 있으면 상큼한 반찬을 뚝딱 만들 수 있다. 새콤하게 또는 매콤하게 만들거나 취향껏 조절이 가능하고 밥뿐 아니라 국수에 넣어 먹어도 맛있다.

🍶 재료(2~4인분)

모듬 해초 400g, 식초 2큰술, 설탕 1큰술, 초고추장 1큰술, 참기름 1
큰술, 깨 약간

🍽 순서

1   모듬 해초는 물에 30분쯤 담갔다가 차가운 물에 여러 번 씻는다.

2   끓는 물에 스쳐 지나가듯 한 번 데친 뒤, 찬물에 헹궈 물이 빠지도
록 체에 받친다.

3   식초, 설탕, 초고추장을 섞어 양념장을 만든다. 취향에 따라 식초,
설탕, 고추장의 양을 추가로 가감한다.

4   해초에 양념을 넣고 무친 뒤 참기름과 깨로 마무리한다.

TIP

시판용 해초는 소금에 절여 있는 경우가 많으니 물에 담가 짠기를 뺀다.
이때 짠기가 얼마나 남았느냐에 따라 양념의 간을 조절한다.

여전히 오이는 싫다

나는 오이를 싫어한다. 오이와 비슷한 수박, 참외, 멜론도 즐기지 않는다. 어떤 이들은 "난 싱그러운 향이 너무 좋아."라고 말하지만, 내게는 그 풀 냄새가 비리고 비리고 또 비리기만 하다. 마치 장마철에 내린 비에 흠뻑 젖은 물가의 풀 한 줌을 입에 넣는 것과 같은 느낌이다.

그래서 학교 다닐 때 참 힘들었다. 소풍날이면 도시락으로 거의 김밥을 가져가는데, 김밥 안에 어김없이 굵게 자른 오이가 들어 있었기 때문이다. 엄마가 임시방편으로 유부초밥을 대신 싸 주긴 했지만 이도 해결 방법은 아니었다. 아이들은 김밥이 아닌 다른 맛이 나는 도시락을 탐냈고, 자신들의 김밥 두세 개와 내 유부초밥을 바꾸길 원했기에 난 어쩔 수 없이 오이가 들어 있는 김밥을 앞에 두고 한숨만 쉬다 집으로 와야 했다. 오

42

이를 싫어하는 사람이라면 공감하겠지만 김밥에서 오이를 뺀
다고 해서 그 김밥을 맛있게 먹을 수 있는 건 아니다. 이미 오
이 냄새가 사방에 배어 있기 때문에 오이가 들었던 김밥은 끝
까지 오이 김밥이다.

그렇다고 내가 철저한 안티 오이는 아니다. 피클이나 볶은 오
이, 푹 익은 소박이는 즐겨 먹기 때문이다. 난 그저 날것에서
나는 풋내가 싫은 거다. 육식 지향주의자 딸에게 어떻게든 채
소를 고루 먹이고 싶었던 엄마는 오이를 쫑쫑 얇게 썰어 고소
한 참기름에 볶아서 주기 시작했다. 오이 맛보다는 고기 맛으
로 먹을 수 있게 볶은 소고기도 넣고, 가끔은 만두소로 넣어
주기도 했다. 나중에 오이를 소로 넣은 만두가 궁중에서 먹던
여름 만두라는 것을 알게 되었지만, 내게 소고기와 함께 볶은
오이는 오이 혐오증 딸을 위해 엄마가 고심해서 만들어 준 요
리였다.

그럼에도 불구하고 여전히 오이는 싫다. 한 여름에 먹는 수박
과 참외 앞에서 어색하게 웃으며 먹는 척하는 것도 힘들다. 그
래도 지금은 김밥 안에 있는 오이를 굳이 빼고 먹거나 냉면 위
에 오이채가 있어도 그 냉면을 통째로 못 먹는 일은 없다. 아
마도 긴 시간 다양한 조리법으로 내게 오이 맛을 알게 해 준
엄마 덕분이 아닐까? 갑자기 엄마가 볶아 준 오이 소고기볶음
이 먹고 싶다.

4
일
차

짠맛 • 담백한 맛 • 감칠맛

우엉 소고기조림
채소달걀찜
육전

사람의 입맛은 참 까다롭고도 변덕스러운 것이어서 한 가지 맛으로 만족하지 않는다. 담백한 것을 먹고 나면 기름진 것이 먹고 싶고, 짠 것을 먹고 나면 단 것이 먹고 싶어진다.

배가 고플 때 기름 냄새는 그 어떤 것보다 거센 유혹이라서 짙은 맛의 육전을 처음 입에 넣으면 그것만이 최고인 것 같지만, 곧 뭔가 담백한 것이 생각난다. 채소를 잘게 다져 넣은 부드러운 계란찜이 이럴 때는 딱 알맞은 구원투수이다.

헌데, 부드러운 계란찜을 먹다 보면 또 달달하거나 짭짤하면서 식감 있는 무언가를 먹고 싶어진다. 이럴 때는 우엉 소고기조림이 딱 적당하다. 씹는 맛과 더불어 단짠의 멋진 조화를 입안에 선물하기 때문이다.

단짠단짠의 정석,
우엉 소고기조림

뿌리채소인 우엉은 아삭한 맛이 일품이다. 차로 마시면 구수하지만 살짝 짭짤 달콤하게 조리면 반찬으로도 훌륭하다. 고기와 함께 조릴 때는 두꺼운 우엉보다 얇게 저민 듯한 것이 좋다.

🍲 재료(2~3인분)

우엉 120g (가느다란 것 1~2개), 얇게 썬 소고기 200g, 간장 2큰술, 설탕 1큰술, 쪽파 다진 것 1큰술

🍱 순서

1 우엉은 거친 수세미로 껍질을 닦으며 벗긴 뒤, 감자 깎는 필러나 칼로 얇게 썰어 물에 담근다.

2 소고기는 한입 크기로 자르고, 기름을 살짝 두른 팬에 슬쩍 익힌다.

3 우엉과 소고기를 냄비에 넣고 자작하게 잠길 정도로만 물을 붓고, 간장과 설탕을 섞어서 넣고 익힌다.

4 거품을 걷어 내며 국물이 거의 남지 않게 조린 뒤, 파를 넣어 완성한다.

TIP ──────────────

우엉을 다듬을 때는 칼보다 감자 껍질 깎는 필러가 더 유용하다. 우엉을 물에 담근 채 슥슥 껍질을 밀어 낸다는 느낌으로 깎으면 얇고 균일하게 할 수 있다.

부드러워서 자꾸 손이 가는,
채소달걀찜

체에 거르고 다시마 물을 넣어 부드럽게 만드는 일본식 달걀찜도 맛있
지만, 자투리 채소를 듬뿍 썰어 넣고 풍성하게 부풀려서 먹는 달걀찜의
든든함은 또 다른 맛이다. 뚝배기 가득한 달걀찜을 푹 떠서 밥 한술과 먹
어 보자.

📟 재료(2~4인분)

달걀 8개, 물 1/2컵, 새우젓 1/2큰술, 다진 채소 3큰술, 참기름 · 깨 약간

🍽 순서

1 뚝배기에 달걀을 깨서 넣고 곱게 풀어 준다. 이때 체에 한 번 거르 면 좀 더 부드럽게 만들 수 있다.

2 채소는 달궈진 마른 팬에 한 번 빠르게 볶아서 익혀 준다.

3 푼 달걀에 물과 새우젓을 넣고 잘 섞은 뒤 볶은 채소를 넣는다.

4 센 불에서 익히기 시작하는데 이때 젓가락으로 천천히 젓는다. 약간 익어가는 느낌이 들면 불을 최대한 약하게 줄이고 뚜껑을 닫는다.

5 공기가 새는 소리가 들릴 때까지 익히다가 뚜껑을 연다.

TIP ──
채소는 딱히 정해진 것 없이 당근, 호박, 양파 등 있는 것을 활용한다. 없 으면 없는 대로 그냥 달걀만 쪄도 맛있는 찜이 된다. 새우젓을 약간 넣으 면 훨씬 감칠맛이 돈다.

간식처럼 즐기기도 하는,
육전

흔히 명절 때나 먹는 것이라 생각하는 육전은 사실 얇은 고기만 있으면
그 어떤 전보다 쉽게 부칠 수 있다. 반찬으로도 별미로도 손색없는 육전
을 즐겨 보자.

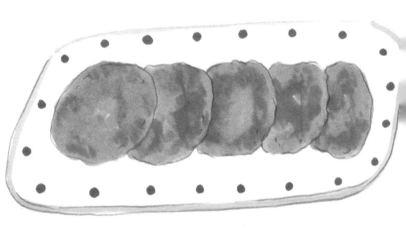

🍲 재료(2~4인분)

저민 소고기 600g, 달걀 4개, 부침가루 3큰술, 소금 · 후추 약간씩

🍲 순서

1   소고기는 넓게 펴서 소금과 후추로 밑간을 한다.

2   밑간한 소고기를 부침가루와 달걀 물을 입혀 부친다.

TIP ──────────────

부침가루를 얇게 바른 후 달걀 물에 한꺼번에 담갔다가 부치면 일이 빠르
다. 육전용 소고기는 홍두깨나 우둔, 채끝 등 지방이 적은 부위가 맛있다.

최소 에세이

누구나 자신만의 보양식이 있다

세상에서 제일 서러운 일의 순위를 꼽으라면 3위 안에 반드시
들어가는 항목이 있다. 바로 혼자 아픈 것.
나는 혼자 노는 것도 좋아하고 며칠씩 집에 혼자 있어도 심심
하지 않다. 책 몇 권, 영화 몇 개, 그리고 P사의 콘솔 게임기와
게임 타이틀 두 개면 한 달 동안 집에서 나가지 않아도 스트레
스 없이 잘 지낼 수 있다. 하지만 혼자 앓아누워 있으면 괜스
레 서럽다. 그렇다고 누가 옆에서 살뜰하게 간호를 해 주는 것
을 좋아하는 성격도 아니다. 아프면 귀찮음이 폭발하는 타입
이고 그 귀찮음 때문에 오히려 간호해 주던 사람을 서운하게
만드는 변덕스런 인간이랄까. 헌데 그럼에도 불구하고 인기척
하나 없는 집에서 혼자 끙끙 앓는 것은 귀찮게 들락거리며 상
태를 물어보는 사람이 있는 것보다 더 싫다.

자취를 했던 시절의 일이다. 그 누구보다 엄마 밥을 좋아하고 아빠와 도란도란 노는 것을 좋아하는 나지만, 나이가 들고 독립이라는 것을 해야 하는 때가 왔다. 솔직히 처음에는 좋았다. 혼자 새벽까지 이런저런 요리도 해 먹고 청소는 쌓아 두기 일쑤였다.

그러나 그 자유의 끝은 지독한 '시름시름'이었다. 불규칙한 식사, 바뀌어 버린 낮과 밤이 몸을 완전히 망가뜨린 것이었다. 며칠 동안 물과 배달시킨 죽으로 연명하던 끝에 간신히 일어나 앉은 날, 며칠간의 서러움이 몰려오며 코미디처럼 배에서 꼬르륵 소리가 우렁차게 울려댔다. 냉장고 안에는 물과 주스뿐이어서 근 일주일 만에 주섬주섬 옷을 입고 밖으로 나갔다. 그렇게 찾아간 곳은 다름 아닌 곰탕과 육전을 파는 동네의 작은 식당이었다. 혼자 다 못 먹을 것을 알면서도 넘치는 탐심을 주체하지 못하고 육전과 곰탕을 하나씩 주문했다. 곰탕보다 먼저 나온 육전을 한 입 베어 무는 순간, 눈이 번쩍 뜨였다. 고소한 기름 냄새와 기름지게 감기는 얇은 고기의 맛이라니. 바닥까지 내려갔던 체력이 차오르는 느낌에 조금씩 기분이 좋아졌다.

그때의 기억 때문일까. 지금도 몸이 조금 아프려고 하면 육전이 가장 먼저 생각난다. 나도 모르게 내 보양식으로 등극한 모양이다. 아마도.

5
일
차

매운맛 • 짠맛 • 담백한 맛

상추겉절이
돼지고기조림
감자볶음

돼지고기조림에 들어가는 감자는 부서지기 쉽다. 감자 자체가 포슬포슬한 식감을 가지고 있기 때문이다. 이럴 때는 차라리 알이 작은 감자를 이용하거나 살짝 말린 감자를 쓰는 것도 방법이다. 말린 감자는 쫀득한 식감을 가지고 있어서 양념이 배어들면 고기만큼 맛이 좋다. 상추 겉절이는 고기를 먹고 난 뒤 상추가 너무 많이 남았거나 마침 김치가 뚝 떨어졌을 때 대용으로 먹기에 유용하다.

감자볶음은 좀 많이 해 두었다가 아침에 시간은 없고 뭔가 건강하게 먹고 싶을 때 좋다. 팬에 버터를 조금 넣고 감자볶음을 넓게 편 뒤 아래가 노릇하게 익을 때 즈음 우유를 부어 익히면 부드럽고 고소한데 겉은 바삭한 우유 감자전이 된다. 든든한 식사로도 부족함이 없다. 수분이 많아 숟가락으로 떠먹으면 먹기에도 좋고 속도 편하다.

고기 없이도 맛있는,
상추겉절이

흔히들 상추를 고기 먹을 때 곁들여 먹는다고 생각하지만, 그 자체로도
무쳐 먹으면 방금 한 김치처럼 신선하고 매콤한 맛을 즐길 수 있다.

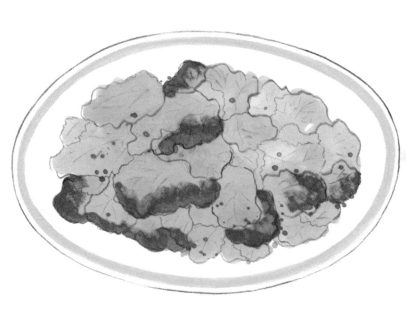

재료(2인분)

상추 20장

양념: 양파 1/2개, 설탕 1/2 큰술, 식초 1큰술, 액젓 1큰술, 다진 마늘 1큰술, 고춧가루 1큰술, 참기름 2큰술, 간장 1큰술

순서

1. 상추는 잘 씻어서 물기를 빼 두고, 양파는 채 썰어서 찬물에 담가 매운 맛을 뺀다.

2. 재료를 섞어 양념장을 만든다. 이때 취향에 따라 짠맛과 매운 맛을 가감한다.

3. 한 입 크기로 자른 상추와 채 썬 양파에 양념장을 넣고 가볍게 버무린다.

TIP ─────────────

액젓 대신 간장의 양을 늘려도 좋다. 액젓을 넣으면 감칠맛이 좋은 대신 짠맛이 강해질 수 있다.

추억의 도시락 반찬,
돼지고기조림

돼지고기조림은 감자와 함께 요리하면 그 맛이 배가된다. 취향에 따라 감자를 많이 넣으면 감자 고기조림이 되고, 고기를 많이 넣으면 고기 감자조림이 된다. 여기에서는 감자보다 고기를 더 많이 넣어 조리한다.

⚖ 재료(2~3인분)

돼지고기 200g, 감자 1개, 양파 1개, 간장 2큰술, 설탕 1큰술

🍽 순서

1   감자는 껍질을 벗기고 한입 크기로 대충 썬다. 양파도 비슷한 크
    기로 썰어 둘 다 각각 물에 담근다.

2   고기를 살짝 볶다가 물을 넣고 감자와 양파를 넣는다. 반쯤 잠길
    정도면 충분하다. 여기에 간장과 설탕을 넣고 끓인다.

3   국물이 거의 없어질 때까지 조린다.

TIP
고기 조림은 국물을 한 번 뒤적여 하루 정도 묵히면 양념이 배어들어 더
맛있다.

부드럽고 감칠맛 도는,
감자볶음

감자는 그 자체가 가지고 있는 맛이 그다지 강하지 않아서 조리를 할 때 양념 맛에 따라 느낌이 달라지는 식재료이다. 다양하게 응용해 보자.

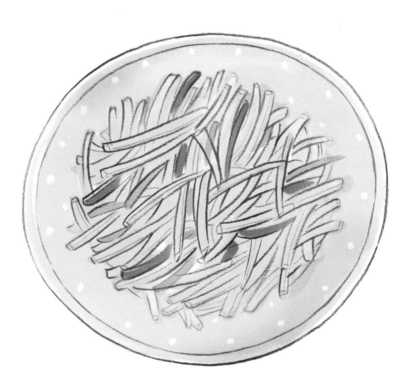

🔲 재료(3~4인분)

감자 2개(크기에 따라 다르지만 어른 주먹보다 조금 큰 것 기준), 양파 1개, 소금 · 설탕 · 후춧가루 약간씩, 버터 1/4 큰술, 올리브유 약간

🍽 순서

1 감자는 껍질을 벗겨 채를 썰어서 물에 담가 둔다.

2 물을 끓여 올리브유를 넣고 감자를 데친다. 한 번 넣었다가 뺀다는 느낌으로 데쳐야 한다.

3 감자를 찬물에 헹궈 물기를 뺀다.

4 양파를 팬에 볶는다. 이때 마늘이나 파를 함께 넣어도 좋다.

5 감자를 넣고 볶으면서 소금과 설탕으로 간한다. 이때 버터를 살짝 넣으면 풍미가 좋아진다.

6 후춧가루를 뿌려 마무리한다.

TIP
볶은 감자를 피자판처럼 넓게 펴고 우유 반 컵을 부은 후 뚜껑을 덮어 익히면 또 다른 별미 요리가 탄생한다. 부드럽고 고소한 우유감자전!

끝까지 긁어 먹은 감자볶음

고등학교 2학년 때 학교에 급식실이 생겼다. 하지만 나는 수년간 입에 익숙해진 엄마의 밥을 놓지 못해서 급식실에서 도시락을 먹었다. 지금 생각해도 나는 참 까다로운 딸이다.

반찬을 만들고 살림을 하는 모든 사람들이 공감하겠지만, 일주일에 다섯 번 이상 두세 가지 반찬을 넣어 도시락을 싸는 것은 그 어떤 살림보다 어려운 일이다. 어쨌거나 종일 앉아 있는 시간이 더 많은 자라나는 청소년 시기의 아이를 대상으로 메뉴를 짜는 건 여러 모로 골치 아픈 일이다.

일단, 흐르는 음식은 불편할 수 있다. 그렇다고 해서 마른 반찬으로만 채우기에는 입맛을 충족시키지 못한다. 고기와 채소를 알맞게 분배해야 하고 분식에 익숙한 취향에 맞추기 위해서는 단짠단짠도 어느 정도 맞춰야 한다. 거기에 매일 똑같은 반찬은 피해야 함께 모여 앉아 도시락 뚜껑을 열 때의 만족감까지 채워 줄 수 있다. 이것뿐이랴. 진미 반찬은 뺏기지 않게 슬쩍 밥 아래 숨겨 주기도 하고, 함께 먹는 아이들의 수를 고려하여 반찬을 담는 센스 역시 필요하다.

이렇게 몇 년을 먹다 보면, 친구들이 싸 오는 반찬 패턴이 보인다. 어떤 집은 주구장창 소시지만 돌려가며 싸 주고, 어떤 집은 김치만 한 통, 어떤 집은 카레 한 그릇을 넣어 주는 식이다. 나의 주 반찬은 깍두기와 감자볶음이었다. 엄마의 깍두기는 옆 반에서도 얻으러 올 정도로 인기가 좋아 깍두기만 싸 가는 통이 따로 있을 정도였다. 또 감자볶음은 부드러움과 단단함이 묘하게 어우러진 데다, 짭짤한 감자 위에 케첩의 단맛이 조화로워 아무리 먹어도 질리지 않는 반찬이었다.

그래서였을까? 다른 반찬은 이틀 이상 반복되면 심술궂게 일부러 남기거나 엄마에게 질렸다고 다른 것을 싸 달라고 요구했지만, 감자볶음은 달랐다. 언제나 숟가락으로 끝까지 긁어 먹었던 기억이 난다. 기름지고 고소한 맛, 지금도 십대 시절의 추억 한 켠을 감자볶음이 자리 잡고 있다.

6
일
차

담백한 맛 • 짠맛 • 단맛

연근 들깨볶음
작은 생선볶음
묵은지 삼겹살찜

묵은지 삼겹살찜은 다른 반찬이 필요가 없는 일당백 요리이다. 특히 김장 김치가 더 이상 그냥 먹기 어려울 정도로 시었을 때 아주 좋은 김치 처리법이다. 신맛이 너무 강하면 설탕을 좀 넣어 맛을 중화시키면 된다.

연근 들깨볶음과 작은 생선볶음은 말 그대로 '반찬'이다. 덜 자극적이면서 고소하기도 하고 달콤 짭짤하기도 해서 밥과 잘 어울린다. 연근 들깨볶음의 포인트는 들깨가루인데 연근의 아삭하고 평범한 맛을 들깨가루가 고소하게 감싸 준다.

작은 생선은 비리지 않고 바삭한 식감이 유지되도록 볶는 것이 중요하다. 그러기 위해서는 먼저 마른 팬에 기름 없이 볶아 수분을 날리는 것이 중요하다. 수분을 날린 뒤 충분히 식혀야 다시 눅눅해지지 않는다. 물엿이나 꿀로만 단맛을 잡으면 서로 엉겨 붙어서 먹기가 어려우니 올리고당이나 설탕을 섞어서 쓴다.

아삭하고 고소한,
연근 들깨볶음

아삭한 연근의 식감과 들깨의 고소함이 어우러져 손이 계속 가는 반찬이
바로 연근 들깨볶음이다. 고명으로 검은 깨를 좀 뿌려 주면 하얀 연근과
어우러져 정갈한 플레이팅도 너끈히 해 내는 효자 반찬이다.

🍳 재료(2~3인분)

연근 200g, 들깨가루 1큰술, 된장 1/2큰술, 식초 1큰술, 검은깨 1/2큰술, 들기름 약간

🍽 순서

1 연근은 둥글게 썰어 뜨거운 물에 한 번 데쳐 낸다.

2 들깨가루, 된장, 식초를 넣고 양념을 만든다.

3 식힌 연근을 들기름에 볶으면서 ②의 양념을 넣고 버무리며 빠르게 볶는다.

4 검은 깨를 뿌린다.

TIP
연근을 데치는 대신 찌면 좀 더 쫄깃한 식감을 느낄 수 있다.

작은 바다를 먹는 느낌,
작은 생선볶음

자잘한 생선은 통째로 먹을수록 맛있다. 평소 익숙하게 먹는 잔멸치에 풀치와 새우를 더하면 지루하지 않게 어린 생선들을 다양하게 먹을 수 있다. 취향에 따라 간장이나 고추장 양념을 선택할 수 있다는 것도 매력적이다.

🔖 재료(3~4인분)

잔멸치 1컵, 풀치 2컵, 작은 새우 1컵, 간장 1큰술(고추장 1큰술로 대체 가능), 물 2큰술, 물엿 2큰술(꿀이나 올리고당으로 대체 가능), 다진 마늘 1큰술, 참기름 약간, 깨 약간

🍲 순서

1 멸치, 풀치, 새우는 각각 마른 팬에 볶아서 수분을 날리고 비린내를 줄인다.

2 달군 팬에 간장(고추장)과 물, 물엿과 마늘을 넣고 끓이다가 작은 생선을 넣는다.

3 고루 볶은 후 참기름을 살짝 넣고 깨를 넣어 마무리한다.

TIP ————

집에 유자차가 있다면 물엿 대신 유자청과 유자 건더기를 넣어도 좋다. 훨씬 향긋하고 맛있다.

푸짐한 메인 요리, 묵은지 삼겹살찜

오래 묵은 김치의 깊은 맛은 그 자체로도 좋지만 열을 가했을 때 그 진가가 발휘된다. 특히 돼지고기와 궁합이 좋은데 묵은지와 삼겹살을 함께 찌면 부드러우면서도 감칠맛이 가득한 요리가 된다.

재료(4인분)

묵은지 1포기, 통삼겹살 600g, 무 1/2개, 양파 2개, 파 2뿌리, 된장 1큰술, 설탕 1/2컵, 맛술 1/2컵, 물 2컵, 간장 1큰술

순서

1 무는 둥글게 썰고 양파는 채 썰어 냄비에 깐다. 무를 제일 아래 깔고 그 위에 양파와 파를 놓는다.

2 통삼겹은 반으로 잘라 된장을 바른 후 양파 위에 올리고, 그 위에 묵은지를 잘 펴서 올린다.

3 설탕을 김치 위에 솔솔 뿌려 주고 맛술, 물, 간장을 섞어 넣는다.

4 뭉근한 불에 익혀 준다. 아래 깔아 둔 무, 양파, 파에서 수분이 나오지만, 중간 중간 한 번씩 보면서 타지 않게 익힌다.

TIP ────────────
물 대신 육수를 넣으면 감칠맛이 더 좋다. 설탕 대신 아이들이 먹는 달콤한 요구르트를 넣어도 된다.

최소 에세이

배고프면, 된 거야!

"헤어졌어."

칠 년을 연애한 친구였다. 모두가 저런 남자 없다고 대놓고 부러워할 정도로 안팎이 훌륭한 사람이었다. 사회적으로나 경제적으로나 모두가 동경할 만한 위치에 있었기에 그의 연인인 내 친구는 시샘과 부러움을 고스란히 받으며 7년을 보냈다. 그는 때가 되면 해외로 여행을 갔고 아무리 바빠도 친구를 외롭게 하자 않았으며, 센스 있는 선물은 물론 적절한 선의 이벤트까지 넘침도 모자람도 없어 보이는 사람이었다.

그런데 그가 바람을 피웠다고 했다. 그것도 내 친구의 회사 후배와 육 개월 넘게 만나다가 딱 들켰다고 했다. 바로 몇 시간 전까지만 해도 사랑 뚝뚝 떨어지는 문자 메시지를 받은 후였기에 친구는 눈앞에 나타난 팔짱 낀 커플을 보고 자기 눈을 의

심했다고 했다. 차라리 눈이 잘못되었기를 바랐다고, 아니 도 플갱어를 만난 것이기를. 그것도 아니면 이 모든 것이 꿈이기를 바랐다며 눈물을 뚝뚝 흘리는 친구에게 아무런 말도 할 수가 없었다.

회사까지 그만 두고 한 달 넘게 두문분출하던 친구는 십 킬로 그램 넘게 빠진 해골 같은 모습으로 우리 집을 찾아왔다. 하루도 빠지지 않고 몇 시간 간격으로 전화해서 생사 확인을 했던 내가 귀찮아서였을지, 아니면 이대로 가다가는 정말 죽을 것 같은 두려움 때문이었는지 모르겠지만 그렇게 찾아온 친구는 울고 또 울다가 배가 고프다고 했다. 그리고 배고픈 게 어이없다고 했다.

"배고프면, 된 거야."

섣부른 위로가 오히려 독이 될 것 같았다. 그래서 나는 그저 묵은지를 꺼내 삼겹살과 등갈비를 듬뿍 넣고 푹푹 끓이기 시작했다. 노곤노곤 풀어진 깊은 맛의 김치찜이 친구의 마음을 든든하게 채워지기를 바라면서 말이다.

7
일
차

짠맛 • 신맛 • 단맛

간단 깻잎찜
새우 우동샐러드
채소탕수육

흔해서 맛있는 줄을 모르고 지나가는데 그래서 질리지 않고 계속 먹
게 되는 반찬들이 있다. 아마도 깻잎이 그중 하나가 아닐까 싶다. 열
개씩 묶어서 파는 깻잎들은 대부분 그 줄기가 묶여 있는데 묶은 매듭
을 풀고 한 장씩 비벼가면서 씻으면 사이사이에 있는 불순물을 효과
적으로 씻을 수 있다. 모양을 흐트러트리지 않으면 양념을 바른 후 다
시 겹치기도 편하다.

어린 채소는 샐러드로 먹기에 좋지만, 여기에 우동과 새우를 더하면
식사를 대신 할 수 있을 정도로 볼륨감 있는 음식이 된다. 채소를 좋
아하는 사람들이 즐겨 먹는 것이 버섯인데, 쫄깃한 식감을 가지고 있
어서 사찰 요리에서는 종종 고기 대신 쓰이기도 한다. 채소탕수육 역
시 여러 채소의 식감을 십분 활용한 것이다.

이것만으로도 밥 한 그릇 뚝딱, 간단 깻잎찜

깻잎은 손질이 좀 귀찮지만 장아찌를 담그거나 찜을 하면 몇 끼를 간편히 해결할 수 있는 훌륭한 밑반찬이다. 저렴하기도 하고 맛도 좋은 짭짤한 깻잎 찜과 함께 밥 한 그릇 어떨까?

🧭 재료(4인분)

깻잎 100장 (3~4묶음)

양념: 다진 마늘 1큰술, 고춧가루 1컵, 액젓 2큰술, 간장 1큰술, 물엿 5큰술, 깨 약간

🍽 순서

1 깻잎은 흐르는 물에 한 장 한 장 잘 씻어서 물기를 뺀다.

2 양념은 한꺼번에 섞어 깻잎 한 장 한 장에 골고루 펴 바른다.

3 양념장을 바른 깻잎을 쌓아 찜기에 넣고 살짝 찐다.

TIP

쪄서 따뜻할 때 먹는 것도 별미다. 또 찌지 않고 그대로 익히면 서서히 양념이 배어들어 깻잎장처럼 먹을 수 있다.

최소 반찬 20

별미 식사로 손색없는,
새우 우동샐러드

굵은 우동 면에 각종 채소, 방울토마토와 새우까지 영양소가 고루 들어가서 한 끼 식사로도 손색없고 식전 샐러드로도 훌륭한 음식이다. 손님이 왔을 때 넉넉히 해 놓으면 메인 요리로 훌륭하다.

🍳 재료(4인분)

생우동 사리 2개, 파프리카 3개, 방울토마토 20알, 어린잎 채소 1봉, 탈각 새우 30마리

양념: 참기름 2큰술, 간장 2큰술, 식초 2큰술, 레몬즙 2큰술, 설탕 3큰술, 다진마늘 1큰술, 굴소스 1큰술, 올리브유 4큰술, 와사비 1/2큰술

🍽 순서

1   우동 면은 삶아서 찬물에 담갔다가 물기를 빼 건져 놓는다. 면 삶은 물에 탈각 새우를 넣어 한 번 데친 뒤 건진다.

2   파프리카는 씻어서 길게 썰고, 방울토마토는 반으로 갈라놓는다. 어린잎 채소도 씻어서 물기를 뺀다.

3   양념을 만들어 우동, 새우, 채소와 함께 버무린다.

TIP

우동 면 대신에 파스타 면을 활용해도 좋다. 단, 면의 종류에 따라 식감이 달라지니 여러 가지 면을 섞어서 요리에 재미를 더해 보자.

튀겨서 더 맛있는,
채소탕수육

고기의 기름진 맛이 부담스러운 사람들에게는 각종 채소를 튀겨 만든 채소탕수육이 적격이다. 아삭한 채소의 맛을 살리면서 달달한 소스가 어우러져 튀긴 음식이지만 부담스럽지 않다.

🍳 재료(4인분)

가지 2개, 호박 1개, 새송이버섯 2개, 당근 1개, 표고버섯 10개, 연근 1/2개, 마 1/2개, 양파 2개, 부침가루 4컵, 소금 약간, 물 1컵, 녹말물 3큰술
양념: 다진 마늘 1큰술, 꿀 3큰술, 간장 3큰술, 매실청 3큰술, 설탕 1/2큰술, 식초 2큰술

🍽 순서

1 각종 채소는 한 입 크기로 썰어 준비한다.

2 당근과 연근은 끓는 물에 살짝 데쳐서 물기를 완전히 제거한다.

3 부침가루에 물을 넣고 개어 채소에 튀김옷을 입힌 뒤 끓는 기름에 바삭하게 튀긴다.

4 물 1컵에 양념 재료를 모두 넣고 끓이다가 녹말 물로 농도를 맞춘다.

5 튀긴 채소에 소스를 부어 먹는다.

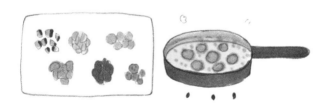

TIP
설탕 대신 유자차나 유자청을 이용하면 맛이 훨씬 향긋해진다. 부침가루는 얼음을 넣고 개어야 튀김이 더 바삭해진다. 물 대신 맥주를 약간 넣어도 좋다.

최소 에세이

우동에 얽힌 엄마의 성장 일기

나이 든 부모에게 새로 나온 IT기기의 사용법을 가르쳐 주다 보면 네 가지 감정을 진하게 느낄 수 있다. 내가 아기였을 때 수백 수천 번 같은 말을 반복해서 가르쳤던 노고를 돌아보게 하는 '역지사지', 같은 애플리케이션을 반복해서 여는 동안 튀어나오는 짜증을 억누르는 '인내심'과 산 같고 언덕 같았던 우리 엄마 아빠가 언제 이렇게 늙었나 하는 데서 오는 '측은지심', 그리고 이 모든 감정을 훅 날려 보내고 멍하게 지치는 '무념무상'이 그것이다.

게다가 새로운 것에 대한 두려움은 또 얼마나 큰지, 접고 여는 '폴더폰'에서 터치하고 스와이프 하는 '스마트폰'으로 바꾸도록 설득하는 데에도 상당히 오랜 시간이 걸렸다. 나이 들수록 뒤쳐지면 안 된다고 벅벅 우겨 스마트폰을 안겨 주고, 네 가지 감정의 널뛰기를 겪으며 꼭 필요한 사용법을 알려 준 며칠 뒤, 엄마가 화사한 얼굴로 방으로 걸어 들어왔다.

"이거 봐라."

반짝반짝 소녀 같은 눈을 하고 엄마는 스마트폰을 스윽 내밀었다. 화면에 메모장이 떠 있었고 거기에 줄 맞춰 단정하게 음식 레시피 하나가 적혀 있었다.

"오늘 누가 알려 준 레시피를 여기에 적었어. 오늘 저녁엔 이거 해 줄게."

며칠 간 딸한테 구박 아닌 구박을 받으며 낯선 기기에 끙끙거렸던 엄마가 야무지게 애플리케이션을 활용한 뒤 뿌듯했던 게다. 잘하셨다고, 이렇게 쓰는 거라고 칭찬했더니 기분이 한껏 좋아진 엄마가 뚝딱뚝딱 우동 샐러드를 큰 그릇으로 만들어 주었다.

"이거, 아주 요물이야. 나 엄청 신세대 된 거 같아."

푸짐한 샐러드를 나눠 먹으며 엄마는 모임에서 유일하게 스마트폰으로 검색도 하고 쇼핑도 한다며 생글생글 웃었다.

우동 면발이 탱탱한 건지, 엄마의 환한 얼굴이 탱글한 것인지 그날 저녁 마음이 참 몽글몽글했다.

8
일
차

신맛 • 고소한 맛 • 짠맛

 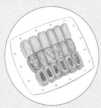 

해파리냉채
삼색 달걀말이
고구마줄기볶음

특별한 요리가 없이도 한 끼 맛있게 먹을 수 있는 것이 집밥이다. 꼬들꼬들한 해파리는 겨자와 차가운 채소를 섞어 만들기 때문에 식전에 입맛을 돋우는 반찬이다.

날치알이 톡톡 터지는 달걀말이와 매생이의 부드러운 맛이 어우러진 달걀말이는 같은 요리임에도 불구하고 안에 들어간 식재료에 따라 완전히 다른 식감과 맛을 선사한다.

고구마줄기는 준비가 좀 오래 걸려서 그렇지, 일단 해 보면 후회하지 않는 반찬이다. 정 귀찮으면 손질한 것을 사면 된다. 조금 비싸지만 손톱 아래가 까맣게 되는 것이 싫다면 나쁘지 않은 선택이다. 오래 보관해야 한다면 기름을 살짝 두른 팬에 한 번 정도 더 볶아서 보관하자.

새콤 달콤 매콤 쫄깃 탱탱한,
해파리냉채

뷔페를 가면 빠지지 않는 반찬이 바로 해파리냉채이다. 날 더울 때 한 번씩 집에서 먹으면 알싸한 겨자 맛과 함께 새콤한 식초가 입맛을 돋운다. 꼬들꼬들한 식감이 기분까지 좋게 해 주는 것은 당연!

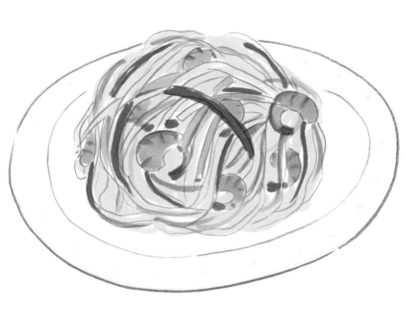

🍳 재료(4인분)

해파리 500g, 오이 1개, 파프리카 1개, 맛살 2개

양념: 다진 마늘 1큰술, 식초 1큰술, 레몬즙 2큰술, 겨자 1/2큰술, 설탕 2큰술, 소금 1/4큰술, 매실청 1/2큰술

🍽 순서

1   해파리는 찬물에 1~2시간 담갔다가 뜨거운 물에 살짝 데치고 다시 찬물에 헹군 뒤에 물기를 뺀다.

2   오이, 파프리카, 맛살은 비슷한 길이로 가늘게 썰어 둔다.

3   양념장을 만들어 차갑게 보관했다가 해파리와 손질해 둔 다른 재료와 함께 버무린다.

TIP

해파리를 데칠 때는 식초를 한두 방울 넣어도 좋다. 얼음물에 담그면 좀 더 꼬들꼬들해진다. 탈각 새우를 데쳐서 함께 무쳐도 맛있다.

한 가지 재료로 세 가지 효과,
삼색 달걀말이

쉬운 것 같지만 은근히 어려운 달걀말이. 재료를 넣을 때는 입자가 너무 크지 않아야 돌돌 말기가 쉽다. 색 배합을 고려해서 만들면 접시에 담았을 때 알록달록 예쁘다.

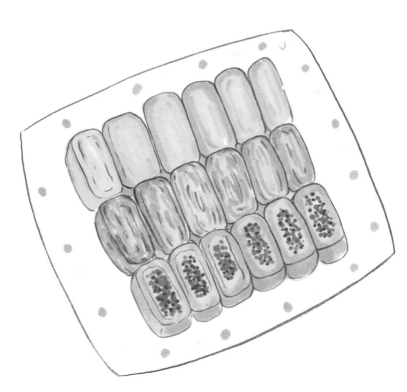

재료(2~4인분)

달걀 9개, 날치알 3큰술, 매생이 1컵, 참기름, 소금 약간

순서

1   달걀은 3개씩 곱게 풀어 둔다. 참기름을 한 방울씩 넣어 섞으면 비린내가 줄어든다.

2   각각의 달걀 물에 날치알과 매생이를 각각 넣는다. 나머지 달걀 물에는 아무것도 넣지 않는다.

3   팬에 기름을 두르고 달걀 물을 부어 달걀을 만다. 한꺼번에 붓지 말고 조금씩 부어서 말고, 끝부분에 달걀 물을 잇듯이 부어서 익혀가는 것이 포인트다.

TIP
달걀말이를 다 만 뒤에는 곧장 꺼내지 말고 달걀말이의 면을 조금 눌러서 모양을 잡아 주면 썰 때 모양이 흐트러지지 않는다.

쫄깃해서 중독성 있는,
고구마줄기볶음

고구마 줄기는 손질이 참 어렵다. 손톱을 세워 겉껍질을 하나하나 벗겨야
하기 때문이다. 하지만 들어간 정성만큼이나 맛도 훌륭하다. 짭짤하면서
도 고소한 볶음 하나면 밥 한 그릇 뚝딱이다.

🍳 재료(4인분)

고구마줄기 200g, 들기름 1/2큰술, 참기름 1/2큰술, 들깨가루 2큰술
양념: 간장 2큰술, 물 1컵, 다진 마늘 1큰술

🍲 순서

1 고구마줄기는 삶아서 한입 크기로 자른다.

2 물에 양념을 넣어 잘 섞은 뒤 달군 팬에 넣고 살짝 끓이다 고구마
   줄기를 넣어 뒤적이며 익힌다.

3 양념물이 자작하게 졸아들면 들깨가루와 참기름, 들기름을 넣고
   마무리한다.

TIP
고구마줄기는 펄펄 끓는 물에서 삶으면 억새진다. 약한 불에서 오래오
래 삶아야 부드럽다.

어쩌면, 아마도 '식탁의 달걀말이'

요리를 좋아하는데다가 못한다는 말보다 잘한다는 말을 더
많이 들었음에도 불구하고 여전히 어려운 요리가 두 개 있다.
능숙한 칼질과 돌돌 만 달걀말이다. 별로 어려울 것이 없는 것
처럼 보이지만 사실 달걀말이는 꽤 난이도 높은 요리이다. 일
단 채소나 햄 등이 들어갈 경우 한쪽으로 몰리지 않게 적절히
배분해 가면서 익혀야 한다. 또 지단이 서로 달라붙을 수 있게
점도와 익힘 정도를 잘 가늠해서 말아야 한다. 그렇지 않으면
써는 순간 여러 겹의 지단이 와르르 펼쳐지며 더 이상 달걀말
이가 아니게 되기 때문이다.

뿐만 아니라 간을 맞추는 것도 의외로 어렵다. 안에 들어가는
재료에 따라 간을 가감해야 하고 때로는 어떤 기름으로 부치
느냐에 따라 풍미와 맛이 달라지니 쉬운 것 같으면서도 한없

이 까다로운 요리가 아닐 수 없다. 그래서 가끔 엄마가 간단하게 하지 뭐,라는 말과 함께 달걀말이를 후딱 해 주면 말은 안 하지만 속으로 가만히 도리질을 한다.

"이길 수 없어……."

요령도 다양하고 달걀말이만을 위한 전용 팬도 있지만, 달걀말이만은 오랜 경험이 정말 중요한 것 같다. 그리고 한 번 요령을 익히면 쉬우며, 폼도 나는 요리인 것도 사실이다. 일단 노란색 하나로도 식탁이 환해지는데, 속재료의 컬러감까지 더하면 달걀말이만으로 화려한 요리가 된다.

뜨거울 때도 맛있고, 식으면 또 식은 대로 맛있어 도시락 반찬 등 쓰임새도 다양하니 약방의 감초, 아니 '식탁의 달걀말이'라는 말이 하나 있어도 되지 싶을 정도이다. 그러니 다른 요리에 영 자신이 없다면 달걀말이 하나만 집중 공략해 보자. 나만의 무기를 삼기에 모자람이 없으니 말이다.

9
일
차

매운맛 ● 짠맛 ● 담백한 맛

북어채조림
고추잡채
톳 두부무침

북어채(혹은 황태채)는 결이 살아 있고 포슬포슬한 것이 맛있다. 너무 바짝·마른 것은 불리기도 어렵고 오래 불릴수록 맛있는 성분이 빠져나오기 때문에 맛 자체가 밋밋해진다. 꼭 북어채가 아니라 말려서 포를 뜨거나 채로 만든 해산물은 대부분 비슷한 양념으로 무쳐 먹을 수 있다.

중국 요리인 고추 잡채는 기본적으로 파기름, 고추기름이 있어야 풍미가 더해진다. 기름을 달구면서 파와 고추를 넣으면 감칠맛 도는 기름이 만들어진다.

톳은 식감이 독특해서 호불호가 갈리는 해초이지만, 한 번 맛을 들이면 다양하게 응용해서 먹게 되는 매력적인 식재료이다.

반찬인 듯 안주인 듯,
북어채조림

북어는 참 다양하게 조리가 가능한 생선이다. 이름이 다양해서 그런지 쓰임새도 두루두루 많다. 북어채 대신 갈치포나 쥐포를 활용하면 또 다른 반찬이 완성된다.

🍳 재료(3~4인분)

북어채 250g, 참기름 1큰술, 깨 약간

양념: 고추장 4큰술, 고춧가루 1큰술, 굴소스 1큰술, 매실액 1큰술, 물엿 2큰술, 다진 마늘 2큰술

🍲 순서

1 북어채는 물에 좀 담가 포실포실하게 만든 뒤 꼭 짜서 한 입 크기로 찢는다.

2 양념을 모두 섞어 살짝 데워 북어채를 넣고 잘 무친다.

3 무친 북어채를 참기름을 둘러 볶다가 깨를 넣어 마무리한다.

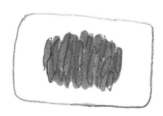 

TIP

고추장과 고춧가루의 비율을 조절해서 촉촉함과 매콤한 정도를 바꿀 수 있다. 굴소스 대신 간장을 쓰면 감칠맛은 좀 줄지만 산뜻한 맛을 느낄 수 있다.

중국요리를 집에서 고급스럽게, 고추잡채

고추잡채는 어려운 요리가 아니다. 그리고 밥뿐 아니라 꽃빵 같은 밍밍한 밀가루 빵에도 어울려서 의외로 활용이 용이하다. 혼자 근사하게 먹고 싶을 때, 가족끼리 모여 별식을 먹고 싶을 때 추천한다.

⚖️ 재료(4인분)

채 썬 돼지고기 200g, 피망 5개(청, 홍 섞어서), 양파 2개, 만가닥버섯 2컵, 표고버섯 5개, 죽순 1/2 통조림

양념: 굴소스 2큰술, 간장 1큰술, 매실청 1/2큰술, 설탕 1/4큰술, 후추 약간, 맛술 1/2컵

🍽️ 순서

1   돼지고기는 맛술과 후추를 뿌려 밑간을 하고 채소는 돼지고기와 비슷한 길이로 잘라서 물에 담갔다가 건져 물기를 뺀다.

2   기름을 둘러 달군 팬에 고기를 먼저 볶다가 양파, 피망, 버섯 순서 대로 볶는다. 통조림 죽순은 끓는 물에 식초1 큰술을 넣은 후 살짝 삶는다. 조금 길게 데친다는 느낌으로 삶고 찬물에 10분 이상 담갔다가 쓰면 떫은맛이 없어진다.

3   소스를 만들어 고기와 채소에 넣어 함께 볶는다.

TIP ────────────────────

마지막에 고추기름을 1큰술 넣으면 맵싸한 맛이 더해져 더 맛있다. 고 추기름이 없으면 고기를 볶기 전에 고추를 먼저 기름에 볶아 살짝 기름 을 내도 좋다.

부드럽고 깊은 맛,
톳 두부무침

톳은 살짝 식감이 있는 해조류이다. 톳과 두부가 만나면 부드러우면서도
탱글한 식감과 맛이 어우러져 꽤 맛있는 반찬이 된다. 길게 보관하기 보
다는 한두 번 맛있게 먹는 반찬으로 적당하다.

🍲 재료(4인분)

두부 1모, 톳 100g, 비밀 쌈장 4큰술, 국간장 1/2큰술, 다진 파 1/2큰술, 다진 마늘 1/2큰술, 참기름 2큰술, 깨 약간

비밀 쌈장: 시판 된장과 쌈장을 각각 두 컵씩 섞는다. 여기에 당근 1개, 쪽파 1/2단을 잘게 다져 넣고 1달 이상 숙성시킨다. 밀봉해 두면 1년 이상 활용이 가능하다. 간단하게 나물을 무치거나 된장 양념이 필요할 때 아주 유용하다.

🍲 순서

1 두부는 면대로 썰어 앞뒤를 노릇하게 구운 뒤 식혀서 손으로 으깬다.

2 생 톳은 끓는 소금물에 데치고, 마른 톳은 물에 불려서 먹기 좋은 크기로 떼어 둔다.

3 비밀 쌈장과 간장, 파 마늘을 넣어 양념장을 만든다.

4 톳에 양념장을 넣고 버무린 뒤, 두부를 넣어 함께 다시 한 번 버무린다. 참기름과 깨로 마무리한다.

TIP

두부를 나중에 넣고 버무리지 않으면 양념이 두부에 먼저 배어들어 톳이 싱거워진다. 비밀 쌈장이 없을 때는 일반 쌈장과 된장을 1:1 비율로 섞으면 된다.

톳 맛도 모르고 살 뻔!

지금처럼 제주에서 한 달 살기가 유행하기 훨씬 전의 일이다. 당시 나는 제주 산방산 근처에서 일할 기회가 있었다. 차로 이십 분은 나가야 식당이 나오던 곳이라 직장 안에는 아침부터 저녁까지 상주하는 찬모 이모님이 있었고, 삼시 세끼를 그분이 해 주는 밥을 먹으며 지냈다.

유명한 음식점에서 제주 음식을 먹어 본 적은 있었지만, 이렇게 현지인이 해 주는 음식은 처음이었고, 한 번도 먹어 보지 못한 것도 많았다. 이모님은 새벽 바다에서 건져 온 해조류로 밥을 차려 주었고, 또 바다에 나가 해산물을 채집해 오셨다. 오는 길에 동네 사람들 밭에서 한두 개씩 얻는 농산물, 그리고 본인의 밭에서 가져오는 것들로 매끼 진수성찬이 차려졌다. 이름조차 낯선 수많은 음식 중 내가 마지막까지 그 진가를 모르고 머뭇거렸던 것이 톳과 모자반이라는 해초였다. 톳은 뭔가 서걱거리는 느낌이 영 마뜩찮았고, 모자반은 끈적이는 느낌이 낯설어서 그 두 가지가 반찬으로 나오면 먹는 척만 하고 즐기지는 못했다.

그런 나를 몇 달 지켜보던 이모님이 하루는 나를 따로 불러 앉혀 상을 차려 주었다. 제주 살면서 이 맛은 알아야 한다며, 모자반과 돼지뼈로 끓인 몸국, 톳밥, 톳 두부무침, 모자반전 등 온통 톳과 모자반으로 상을 차려 주었다. 어색하게 웃으며 그나마 제일 만만한 두부가 들어 있는 톳 두부무침으로 젓가락을 가져갔다. 그런데 어라? 설컹거린다고 생각했던 톳이 이상하게 쫄깃하면서 탱탱하게 느껴지는 것이 아닌가. 적당하게 고소한 된장과 참기름 간이 있어서 그랬는지 몰라도 그렇게 톳의 맛을 깨달았고, 그날 내 앞에 차려진 한 상을 신나게 즐겼다.

지금도 톳과 모자반을 즐겨 먹고 있으니, 결국 음식에 대한 편견은 맛 앞에서 깨지기 마련인 모양이다. 그때 그 이모님이 아니었으면 난 지금도 속 깊은 곳까지 시원한 몸국의 맛도, 탱글탱글하게 씹히는 톳의 맛도 모르고 살고 있을 것이다. 참 감사한 분이다.

10
일
차

매운맛 • 담백한 맛 • 단맛

소고기 고추장볶음
버섯잡채
달콤 닭봉

오래 두고 먹을 수 있는 반찬이 한두 가지 냉장고에 있으면 은근히 안심이 된다. 마른 반찬이나 젓갈류, 발효된 식품인 김치 등이 그렇고 장류도 마찬가지다. 그중에서도 소고기와 함께 볶은 고추장은 약고추장이라는 이름을 별도로 가지고 있을 정도로 대중성 있는 저장 반찬이다. 소고기 고추장볶음을 만들 때 중요한 것은 수분의 농도이다. 일단 고기가 마른 것처럼 보일 정도로 수분을 날린 후 되직하게 졸여야 오래 보관할 수 있다.

졸이는 조리법이 그다지 쉽지는 않다. 단순히 국물만 없애는 것이 아니라, 고루 배어들면서 서서히 수분을 빼야 해서 더 그렇다. 닭봉 요리 역시 콜라가 서서히 졸아들어야 하지만, 너무 익어서 닭봉이 뼈에서 분리될 정도로 끓이면 안 된다.

잡채는 당면을 불린 뒤 한 번 끓이기도 하고 그냥 볶기도 하는데 색을 좀 더 내기 위해서는 끓이는 것이 낫고, 탱글한 식감을 위해서는 볶는 것이 더 좋다.

해외에서 특히 그리운,
소고기 고추장볶음

볶은 고추장은 장이 가지고 있는 짠맛은 줄이고 감칠맛과 깊은 맛을 더한 반찬이다. 거기에 다진 소고기가 더해지면 씹는 맛까지 훌륭한 반찬이 된다. 입맛 없을 때 물에 밥을 말아서 고추장 한 종지와 먹으면 한 끼 식사로 거뜬하다.

🍳 재료(2~4인분)

다진 소고기 200g, 고추장 1컵, 물 1컵, 꿀 3큰술, 간장 1/2큰술, 설탕1/2
큰술, 참기름 1큰술, 다진 마늘 2큰술

🍱 순서

1 다진 소고기에 마늘, 간장, 설탕, 참기름을 넣고 버무린 후 센 불
   에서 바짝 볶는다. 수분이 하나도 남아 있지 않게 볶는 것이 포
   인트.

2 고추장에 물을 넣고 잘 개어 준 뒤, 볶은 소고기에 넣고 천천히 끓
   인다.

3 잼과 비슷한 농도가 될 때까지 익힌다.

4 조금 식힌 후 꿀을 넣고 고루 섞어서 마무리한다.

사과주스   배주스   잣 호두

TIP
물 대신에 사과 주스나 배 주스를 넣으면 풍미가 살아난다. 마지막에 잣,
호두 등의 견과류를 넣어도 좋다.

고기가 없어도 충분히 맛있는, 버섯잡채

다양한 버섯만으로도 잡채가 충분히 가능하다. 오히려 고기와 비슷한 식감의 버섯들이 풍기는 매력에 푹 빠질 수 있다. 한입 크기로 일정하게 버섯을 다듬어 넣는 것이 중요하고 너무 기름지지 않게 해야 끝까지 맛있게 먹을 수 있다.

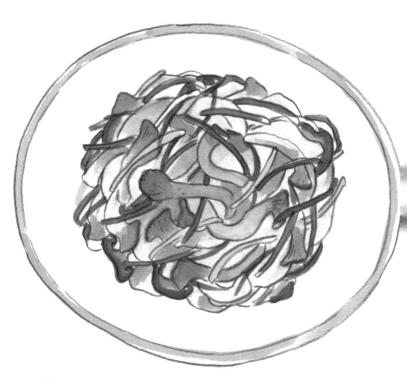

🍳 재료(4인분)

당면 1/2봉지, 마른 표고버섯 5개, 목이버섯 5g, 팽이버섯 1컵, 만가닥버섯 1컵, 새송이버섯 2개, 양송이버섯 10개, 느타리버섯 5개, 파프리카 2개, 간장 3큰술, 참기름 2큰술, 설탕 2큰술, 깨 약간, 소금 약간

🍲 순서

1 당면은 찬물에 담가서 불린다.

2 표고버섯과 목이버섯은 각각 따로 물에 불리고, 나머지 버섯은 흐르는 물에 헹궈 잘라 둔다.

3 센 불에 버섯을 한 번씩 볶아 낸다. 살짝 소금 간을 한다.

4 당면에 표고버섯 불린 물을 자작하게 넣고 끓이다가 간장과 설탕을 넣어 조리고, 물기가 거의 사라지면 버섯을 넣어 뒤적거린다.

5 소금이나 간장으로 간을 맞추고 깨를 넣어 마무리한다.

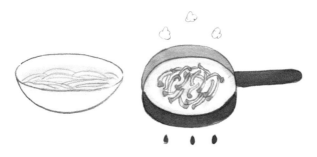

TIP

굴소스와 간장을 섞어서 넣으면 풍미가 더 좋아진다. 잡채를 완성한 뒤, 기름을 조금 두른 팬에서 한 번 볶으면 당면이 붇지 않는다.

간식으로도 반찬으로도 그만, 달콤 닭봉

패밀리 레스토랑의 윙처럼 달콤하면서도 간단한 닭봉 요리이다. 반찬보다는 메인 요리, 메인 요리보다는 술안주, 술안주와 더불어 간식에 어울리는 다재다능한 요리. 살짝 달달하게 먹는 것이 포인트이다.

재료(4인분)

닭봉 20개

양념: 콜라 1.5리터, 청양고추 5개, 통마늘 3통, 간장 1/2컵, 통후추 1/3컵

순서

1. 닭봉은 찬물에 한 번 가볍게 헹군다.

2. 청양고추는 반으로 가르고 통마늘은 껍질만 벗긴다. 콜라에 재료
   를 넣고 닭봉을 넣어 끓인다.

3. 닭봉에 색이 들고 익으면 건져 낸다.

TIP

익은 닭봉에 땅콩 분태나 아몬드 가루를 뿌리면 고소한 맛이 더해진다.
청양고추와 통마늘, 통후추를 다시 백에 넣어 끓이면 닭에 불순물이 붙
지 않는다.

애증의 남매, 눈물의 소고기 고추장

남동생이 하나 있다. 가장 친한 친구이자 가장 의지할 수 있는 사람이기도 하고, 때로는 원수처럼 싸우다가 없으면 못 살 사람처럼 그리워하기도 하는 애증과 운명으로 얽힐 대로 얽힌 관계랄까?

지금은 보통의 남매보다 사이좋고 서로를 위하며 지내는 의좋은 사이지만, 한때는 서로의 존재가 절대 악인 것마냥 미웠던 시절이 있었다. 바로 각자의 사춘기를 겪어 내고 어색해진 시간을 메우지 못한 채 어른이 되어 반목하던 대학교 시절이다. 내가 대학교 4학년일 때 동생은 갓 대학에 들어온 새내기였다.

나는 그때 졸업 전에 꼭 유럽 배낭여행을 가겠다고 우기는 중이었다. 부모님은 혼자는 절대 불가, 동생과 함께라면 허락하겠다는 조건을 던졌다. 같은 공간에 있다는 것조차 끔찍했지만 어쩔 수 없이 그 조건을 받아들였다.

그렇게 우리는 한 달 동안 유럽 여행을 떠났다. 생각했던 것보다 우린 훨씬 심각하게 다투면서 여행을 다녔다. 서로를 긁는 것은 물론이고, 이러다가는 누구 하나 유럽에서 죽겠구나 싶게 갈등이 최고조에 달했던 곳은 다름 아닌 이탈리아였다. 피로한 몸과 잔뜩 긴장하던 정신은 인내심 따위를 탑재할 의지를 삭제해 버렸고, 정말 경찰이 와야 할 정도로 싸우고 말았다. 싸움의 끝은 늘어짐이었다. 배는 고픈데 나갈 힘도 없었다. 하는 수 없이 전날 샀던 빵에 엄마가 싸 준 소고기 고추장 볶음을 발라 먹었다.

세상에 눈물이 와락 나올 정도로 맛있는 빵이었다. 달랑 세 조각 있는 빵 중에 하나를 후딱 먹고 나니 이런… 방금까지만 해도 죽일 듯 싸웠던 동생이 왜 떠오르는 건지. 멋쩍음 반 어색함 반인 얼굴로 빵에 고추장을 듬뿍 발라 멀찍이 앉아 있는 동생에게 갖다 주었고 순간 우린 피식 웃고 말았다.

그날, 그 어떤 음식보다 맛있었던 빵을 먹은 후 지금까지 수년간 우리는 거의 싸우지 않는다. 그리고 서로를 많이 사랑하고 있다는 것을 인정했다. 빵에 발라 먹은 고추장 때문에 알게 되었다는 것이 가끔은 억울하지만 말이다.

11
일
차

감칠맛 • 짠맛 • 단맛

바지락 버섯볶음
무말랭이와 마늘쫑
미트볼

한입만 먹어도 배부른 반찬이 있는가 하면, 밥을 계속 먹게 만드는 반찬도 있다. 미트볼이나 바지락 버섯볶음은 그 자체만으로도 배부른 반찬 중 하나이다. 바지락 껍데기가 불편하면 한 번 끓이면서 껍데기를 빼고 살만 활용해도 되지만, 플레이팅을 할 때는 껍데기가 붙어 있는 것이 훨씬 보기 좋다. 버섯은 팽이버섯 외에 다양한 버섯을 활용해도 좋고 파프리카나 피망을 함께 곁들이면 색감은 물론 식감도 함께 만족시킬 수 있다.

무말랭이와 마늘쫑은 한 번 만들어 두면 몇 끼는 너끈히 먹을 수 있게 보관 가능한 밑반찬이다. 특히 무말랭이는 무를 한 번 말려서 보관하면 꽤 오래 둘 수 있어서 비상용으로 좋은 반찬이다.

미트볼은 소고기나 돼지고기 한 종류로만 해도 되지만 섞으면 좀 더 풍성한 맛을 느낄 수 있다. 소스를 만들기 귀찮으면 그냥 구워 케첩이나 소금을 찍어 먹어도 된다.

감칠맛의 집합체,
바지락 버섯볶음

바지락은 해감만 잘하면 국물 요리나 볶음 요리, 면이나 밥에도 다 잘 어울리는 재료이다. 팽이버섯의 쫄깃한 식감과 함께 바지락 살의 탱탱함을 함께 느낄 수 있는 바지락 버섯볶음으로 한 끼 반찬을 만들어 보자.

📏 재료(2~4인분)

바지락 200g, 팽이버섯 2컵, 쪽파 1대, 마늘 10쪽, 맛술 1큰술, 소금, 후추 약간

🍽 순서

1 바지락은 껍데기끼리 살살 비벼서 씻어 소금물에 담가 신문지나 뚜껑을 덮어 어두운 상태로 해감한다.(해감이 되어 있는 바지락일 경우 흐르는 물에 몇 번 헹구기만 해도 된다.)

2 쪽파는 한입 크기로 썰고 마늘은 채 썰어 둔다.

3 기름을 두른 팬에 바지락을 넣고 볶아 껍데기가 벌어지기 시작하면 맛술과 물 한 컵을 넣어 센 불에 익힌다.

4 마늘과 팽이버섯을 넣고 함께 익히다가, 소금과 후추로 간하고 쪽파를 뿌려 마무리한다.

TIP

맛술 대신 일본 술을 넣으면 살짝 단맛이 감돌면서 감칠맛이 더해진다.
팽이버섯뿐 아니라 표고, 새송이 등 다양한 버섯을 활용해도 좋다.

밑반찬의 스테디셀러,
무말랭이와 마늘쫑

가을 김장철 즈음, 단단한 무를 썰어 말려 두면 겨우내 먹는 무말랭이를 만들 수 있다. 오도독거리는 무말랭이와 맵싸한 맛이 좋은 마늘쫑은 비슷한 양념으로 무칠 수 있어 함께 만들면 손이 덜 가는 반찬이다.

🍲 재료(4인분)

무말랭이 100g, 마늘쫑 120g

양념: 고춧가루 5큰술, 고추장 2큰술, 액젓 1큰술, 간장 1큰술, 물엿 2큰술, 다진 마늘 1큰술, 생강즙 1큰술, 참기름 2큰술, 깨 약간

🍛 순서

1   무말랭이는 찬물에 담가 5~10분쯤 불렸다가 물기를 짠다.

2   마늘쫑은 한입 크기로 썰어 끓는 물에 살짝 데쳐 건져 물기를 뺀다.

3   재료에 있는 분량을 다 섞어 양념장을 만든다.

4   무말랭이는 양념장을 넣어 무친 후 참기름으로 마무리한다.

5   마늘쫑은 참기름에 볶다가 양념장을 넣어 좀 더 익히고 깨를 뿌려 마무리한다.

TIP

무말랭이를 너무 오래 물에 담가 두면 무맛이 다 빠져 버린다. 무말랭이를 불리는 물에 설탕, 간장, 액젓을 1:1:1로 섞어 불리면 무말랭이에 간이 배도록 불릴 수 있다. 물 대신 쌀뜨물을 사용해도 좋다.

한입 가득 행복한,
미트볼

고기를 한입 가득 넣고 씹을 수 있게 만든 미트볼. 양념까지 곁들이면 금
상첨화지만 담백하게 구워 먹어도 영양 가득한 느낌이 가득 퍼진다. 소
고기와 돼지고기를 반반 섞어 맛의 균형까지 잡은 영양 가득 미트볼이다.

📋 재료(4인분)

굵게 다진 소고기 200g, 다진 소고기 100g(기름기 없는 부위), 다진 돼지고기 200g, 당근 1/2개, 양파 1/2개, 양송이버섯 5개, 피망 1개, 대파 1대, 달걀 2개, 빵가루 2컵, 전분가루 2큰술, 간장 2큰술, 설탕 2큰술, 매실청 1큰술, 다진 마늘 5큰술, 시판 돈가스 소스 3큰술, 케첩 2큰술, 꿀 1큰술

🍽 순서

1 당근, 양파, 버섯, 피망, 대파는 잘게 다진다.

2 큰 볼에 고기 3종과 ①에서 다진 채소를 넣고 달걀노른자와 함께 치댄다.

3 빵가루 1/2컵에 전분가루 1큰술 반을 섞어 ②에 고루 넣고 섞어 한입 크기로 둥글게 빚는다.

4 빚은 미트볼에 남은 빵가루를 묻혀 기름에 잘 지진다.

5 간장, 설탕, 매실청, 다진 마늘, 돈가스 소스, 케첩, 꿀을 섞어 끓여 소스를 만든다. 남은 전분 가루를 같은 양의 물에 녹여 전분 물을 만들어 넣는다.

6 튀긴 미트볼을 소스에 넣어 버무리듯 한 번 뒤적인다.

TIP

고기는 간 것과 다진 것을 섞어야 씹는 맛이 좀 더 부드럽고 반죽이 용이하다. 전분가루가 없을 경우 생략해도 되고, 빵가루도 없으면 빼도 괜찮다. 기름은 좀 넉넉하게 둘러야 부서지지 않는다.

무릎 써는 심정

내게는 좋은 선배가 두 명 있다. 나는 그들과 오랫동안 함께 일했다. 한 사람은 함께 일하는 사람들에게 가져야 하는 마음 가짐을 알려 주었고, 또 한 사람은 일하는 태도와 방식을 알려 주었다. 처음에는 두 사람의 생각이 너무 달라서 어느 말을 들어야 하나 고민이 될 정도였다. 엄마와 아빠의 훈육 방식이 다를 경우 자식이 겪는 혼란과 비슷하달까?

그런데 점점 시간이 지나 두 사람의 조언을 내 것으로 만들어 내 식대로 실행할 즈음 알게 되었다. 일을 하고 삶을 살아가는 데 그 두 가지 능력이 모두 필요하다는 것을, 그리고 두 사람을 떠날 때가 왔다는 것도.

십 년 넘게 후배로 직원으로, 가정사까지 나누는 돈독한 관계로 지내다 헤어지려니, 그동안 몰랐던 감정들이 조금씩 흘러

나왔다. 분노도 하고 서운함에 모진 말도 하고 원망이나 포기의 감정도 드러나기 시작했던 것이다. 그럼에도 불구하고 우리에게는 오랫동안 쌓아 온 신뢰가 있었기에 각자의 길을 가는 것으로 좋게 정리할 수 있었다.

그로부터 며칠 뒤, 선배 중 한 사람이 나를 집으로 불렀다. 현관문 비밀번호까지 아는 사이라 시간에 맞춰 문을 열고 들어갔는데 이게 웬일인가.

거실 한가득 무채가 즐비했다. 그리고 통에 잔뜩 쌓여 있는 무까지. 놀라서 두리번거리고 있으려니 선배가 손목을 주무르며 나왔다. 마음이 심란해서 며칠간 무를 썰고 또 썰었다고 했다. 그렇게 썬 무는 말려서 무말랭이를 만들었는데 너무 많으니 가져가서 무쳐 먹으라고 하는 거다. 어이없음과 미안함, 당황스러움이 복잡하게 밀려들다가 울컥하고 말았다. 그래, 내 존재가 무를 이만큼 썰어 말릴 정도는 되었구나 싶은 마음에. 더 이상은 썰지 말라는 통박과 함께 무말랭이 한보따리와 열 개 남짓 남은 통무를 집어 들고 오는 길, 마음이 좀 헛헛했다. 얼마나 집중해서 썰었는지 무말랭이의 굵기는 참으로 일정했고, 그래서 잘 말랐는지 무쳤더니 꼬들꼬들 맛이 참 좋았다. 지금도 무를 보면 그때 생각이 난다. '나는 무 한 무더기를 썰 만큼 누군가를 아끼고 있을까?'라는 자기반성의 마음과 함께 말이다.

12
일
차

매운맛 • 짠맛 • 담백한 맛

양념꼬막
간단 전복새우장
소고기 무볶음

게장, 새우장, 전복장은 모두 비슷하게 만들 수 있는 반찬이다. 레시피에 따라 사과, 고추, 다시마 등을 넣기도 하지만 깔끔하고 담백하게 먹을 수 있도록 소주로 잡내를 잡고 간장 맛을 살리면 본 재료의 맛을 더 잘 느낄 수 있다.

꼬막은 삶아서 양념장을 하나하나 올리는 수고로움이 따르지만, 해서 접시에 쌓아 두면 보기에도 뿌듯하고 먹으면서도 즐거운 요리이다. 꼬막 양념을 올릴 때는 모자란 듯 올려야 짜지 않게 먹을 수 있는데, 간장에 육수를 더해서 간을 맞추는 것도 비법이다. 오래 두고 먹기는 어려우니 먹을 만큼만 해서 한 끼 맛있게 먹는 것이 좋다.

소고기 무볶음은 평범한 듯 하나 질리지 않는 반찬이다. 마늘의 양을 좀 더 늘려 초고추장과 함께 밥에 비벼 먹으면 이 또한 별미이다. 특히 겨울 무는 시원한 맛과 단맛이 강해서 별다른 양념 없이 무 자체만 볶아도 맛있다.

발라먹다 보면 바닥 보이는,
양념꼬막

조개류는 익히는 정도를 잘 조절해야 하는 식재료이다. 잘 안 익혀서 먹으면 속이 불편해지거나 위와 장에 부담이 가고 반대로 너무 익히면 질겨진다. 양념 꼬막 역시 쫄깃한 식감과 양념을 어우러지게 조리하는 것이 중요하다.

🥣 재료(4인분)

꼬막 600g, 당근 1/2개, 양파 1/2개, 쪽파 5대, 굵은 소금 1/4컵, 고춧가루 5큰술, 간장 1컵, 다시마 육수 1컵, 물 1/2컵, 다진 마늘 2큰술, 꿀 2큰술, 참기름 2큰술, 깨 약간

🍲 순서

1   꼬막은 굵은 소금으로 씻어 그대로 미지근한 물에 담근 후 뚜껑을 덮고 해감한다.

2   끓는 물에 해감한 꼬막을 넣고 끓인다. 꼬막이 벌어지면 불을 끈다.

3   당근, 양파, 쪽파는 잘게 다진다.

4   고춧가루, 간장, 육수, 물, 다진 마늘, 꿀, 참기름을 섞어 양념장을 만들고 거기에 ③의 다진 채소를 넣는다.

5   꼬막을 건져 식힌 후 껍데기를 한쪽만 떼어내고 꼬막 살 위에 양념장을 올린다.

 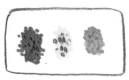

TIP ————————————————————
꼬막을 끓일 때 한쪽 방향으로 일정하게 저으면 육즙이 유지된 채 꼬막이 익는다. 끓인 후 잠시 뜸을 들이면 좀 더 맛있게 익힐 수 있다.

쉽고도 고급스럽게,
간단 전복새우장

해산물과 간장이 만나 숙성되면 뭐라 말로 표현할 수 없는 감칠맛이 생긴다. 어간장이나 각종 젓갈류가 대표적인데, 게뿐만 아니라 전복과 새우도 간장에 절이면 별미 반찬을 만들 수 있다.

🏋 재료(4인분)

전복 8미, 생새우 16마리, 진간장 3컵, 조선간장 1/2컵, 소주 2컵, 물 5
컵, 양파 2개, 마늘 20개, 깐 생강 1컵, 맛술 4큰술, 레몬 1/2개

🍲 순서

1 간장, 물, 소주, 양파, 생강, 마늘을 모두 넣고 팔팔 끓여 식힌다. 다
식으면 재료를 걸러 간장만 남긴다.

2 전복은 흐르는 물에서 솔을 이용해 살 부분의 끈적끈적한 액체를
꼼꼼히 닦는다.

3 숟가락 등으로 전복을 껍데기에서 떼고 내장은 따로 모아 둔다.

4 전복 입 근처의 붉은 이빨을 도려내고 찜기에 넣어 맛술을 뿌려
10분간 찐다.

5 새우는 수염을 떼고 머리 부분의 뿔을 자른다. 등 부분의 검은 내
장을 이쑤시개로 뺀다.

6 전복과 새우에 각각 끓여서 식힌 간장을 붓는다.

7 새우장에는 레몬을 슬라이스해서 위에 얹는다.

8 2~3일 냉장고에서 숙성시킨다.

TIP

전복 내장은 따로 얼렸다가 죽을 끓일 때 넣으면 진한 전복죽 맛을 즐
길 수 있다. 먹다가 보관을 더 오래 해야 할 경우 간장만 따로 따라서 끓
여 식힌 뒤 다시 부어 주면 된다. 물 대신 다시마 육수를 사용하면 풍미
가 훨씬 좋아진다.

담백하고 소화 잘되는,
소고기 무볶음

무는 생으로 먹으면 시원하고 아삭하지만 익히면 부드럽고 순한 맛이 좋다. 소고기와 함께 볶으면 반찬뿐 아니라 고추장 양념과 함께 가볍게 밥과 비벼 먹기에 좋다.

🍲 재료(4인분)

다진 소고기 250g, 무 400g, 다진 마늘 1/2큰술, 소금 1/3큰술, 참기름 1큰술, 깨 약간

🍛 순서

1 무는 채를 치고 소고기는 마늘과 함께 참기름에 볶는다.

2 익은 소고기에 무를 넣고 무가 부드러워질 때까지 익힌다. 이때 소금을 살살 뿌려 간을 한다.

3 깨를 뿌려 마무리한다.

TIP
무를 볶을 때에는 수분이 없을 때까지 잘 볶아야 한다.

맛의 신세계, 어서 들어오시게

요리에도 나름의 트렌드가 있고 유행이 있어서 평소 즐겨 먹던 것을 찾기 어려워질 때가 있고, 낯선 음식이 어느 날 혹 튀어나올 때가 있다. 내게는 새우장이 그런 음식이었다.

워낙 간장 게장을 좋아해서 누가 좋은 거 사 줄 테니 밥 먹으러 가자고 하면, 늘 게장집을 가곤 했다. 전복 새우장을 처음 만난 그날도 어김없이 내 입에서는 간장게장을 먹자는 말이 나왔는데, 상대방이 곰곰이 생각을 하더니 내게 물었다.

"간장에 절인 해물 좋아해요?"

순간 나는 멈칫했다.

'뭐라고 대답해야 하지? 간장에 절인 해물이라…? 너무 낯선데? 게장도 생각해 보면 간장에 절인 해물인데…. 따지고 보면 젓갈류는 소금에 절인 해물이고, 어간장이야말로 간장에

절인 거잖아.'

이런 생각이 마구 머릿속을 헤집는 통에 바로 말하지 못하자 그가 빙긋 웃으며 말했다.

"갑시다. 신세계를 보여 줄 테니."

대체 밥 한 번 먹는 일에 무슨 신세계인가 싶어 따라 나선 길, 광화문 뒤쪽으로 한참 들어간 골목 끝 작은 한정식 집에 도착했다. 문을 연 순간 가게 안에 배어 있는 은근한 간장 냄새! 버틸 만했던 배가 급작스레 고파오기 시작했다.

전문점들이 대부분 그렇듯, 별다른 메뉴판도 없이 두 사람이 들어가니 알아서 두 사람 분의 음식을 내오기 시작했다. 반찬이 다 놓이고 등장한 큼지막한 접시! 그 접시가 테이블에 놓이자마자 난 마치 놀이동산에 처음 놀러간 아이처럼 나도 모르게 '우아!' 하고 소리를 내뱉었다.

전복과 새우가 푸짐히 놓인 전복 새우장이었다. 옆에 함께 나온 게장이 초라해 보일 정도였다. 대화도 거의 하지 않고 열 손가락 고루 빨며 한 접시를 뚝딱 해치우고 나오는 길, 나는 밥을 사 준 사람에게 진심을 다해 인사했다. 덕분에 신세계를 보았다고, 그 신세계를 이제 사랑하게 될 것 같다고.

13
일
차

단맛 • 신맛 • 매운맛

호박&고구마 맛탕
파래 김무침
두부김치

두부김치는 호불호가 가장 적은 손님 접대 요리이다. 김치를 익히면서 돼지고기를 함께 넣으면 두루치기 같은 두부김치를 만들 수 있다. 고기와 김치, 두부까지 삼합 느낌을 제대로 낼 수 있는 한 상 요리이다.

짭짤한 두부김치와 함께 먹는 흰 밥, 그 흰 밥에 또 기가 막히게 잘 어울리는 반찬이 파래김무침이다. 파래김무침 한 종지면 달걀 3~4개 정도에 들어 있는 단백질을 먹는 것과 같다고 하니 영양상으로도 손색없는 반찬이다.

짠 것을 먹고 난 뒤 어쩐지 허한 입맛을 달래는 데는 달달한 맛탕 만한 것이 없다. 기름을 쓰기 때문에 어려울 것이라는 선입견이 있지만 맛탕은 일단 기름으로 익히고 나면 위에 뿌리는 것이 설탕이건 꿀이건 시럽이건 상관없이 맛있게 즐길 수 있다. 한 번 도전해 보자.

간식인 듯 반찬인 듯, 호박&고구마 맛탕

단호박과 고구마는 그 자체로도 단맛이 강한 식재료이다. 찌거나 구워도 맛있지만 살짝 튀겨 단맛을 극대화한 뒤 달달한 것으로 다시 한 번 코팅한 맛탕으로 만들면 한입만으로도 기분이 좋아진다.

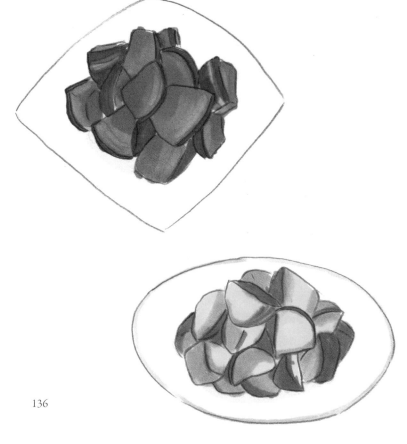

🍳 재료(4인분)

단호박 1개, 고구마 2개, 올리고당 5큰술, 꿀 1큰술, 설탕 1큰술

🍽 순서

1   단호박과 고구마는 껍질을 벗기고 한입 크기로 썬다.

2   고구마는 물에 담가 전분을 제거하고 키친타월 등으로 물기를 깨끗하게 제거한다.

3   끓는 기름에 고구마를 먼저 한 번 익힌 후 건져 준다. 색이 약간 진해졌다 싶을 때 건진다.

4   단호박을 익혀 준다. 고구마에 비해 육질이 연해서 금방 익는다.

5   단호박을 건져 내고 고구마를 한 번 더 익힌다. 갈색이 올라오기 시작하면 건진다.

6   기름을 국자 하나 정도 남긴 후 올리고당, 꿀, 설탕을 넣고 녹인다.

7   고구마와 단호박을 한꺼번에 넣고 뒤적이며 설탕 옷을 입힌다.

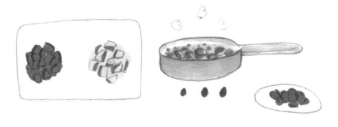

TIP
튀긴 단호박과 고구마에 올리고당이나 꿀을 발라도 되지만, 겉돌거나 너무 딱딱해질 수 있다.

구운 김과는 또 다른 매력,
파래김무침

칼륨, 철분이 풍부하고 칼로리는 낮은데 단백질 함량이 높은 김은 다이어 트에도 좋은 식품이다. 소금을 뿌려 구운 김도 맛있지만, 가볍게 무쳐 먹 는 파래김은 또 다른 매력이 있다.

재료(1~2인분)

파래김 30장

양념: 맛간장 2큰술, 집간장 1/2큰술, 참기름 2큰술, 올리고당 1과 1/2큰술, 다진 마늘 1큰술, 다진 파 1큰술, 깨 약간

 순서

1 파래김은 살짝 구워 준다. 전자레인지에 돌려 수분을 날리는 정도만 해도 좋다.

2 양념장을 만든다. 깨를 미리 넣어 함께 섞는다.

3 김을 잘게 찢어 양념장을 부어 무쳐 준다. 이때 양념장이 과하게 들어가지 않도록 조금씩 넣으며 양념이 골고루 배어들도록 한다.

TIP ————————————————

당근이나 양파를 채로 썰어 함께 무쳐도 맛있다.

뚝딱하면 완성,
두부김치

집에 익은 김치만 있다면 그 어떤 요리보다 쉬운 것이 바로 두부김치이
다. 김치 자체만 익혀 두부와 곁들여 내놓으면 완성이기 때문이다. 들어
가는 공은 크기 않지만 어우러진 맛은 최고인 두부김치를 만들어 보자.

🍶 재료(4인분)

김치 1포기, 두부 1모, 참기름 2큰술, 깨 약간

🍽 순서

1 참기름 두른 냄비에 김치와 물을 자작하게 넣은 후 위에 찜기를
   올린다.

2 찜기 위에 자른 두부를 놓고 물이 거의 없어질 때까지 끓여 김치
   는 익히고 그 김으로 두부를 찐다.

3 김치를 먹기 좋게 자르고 깨를 뿌려 접시에 담는다. 주변을 두부
   로 두른다.

TIP

찜기가 없으면 두부는 따로 전자레인지 등에서 익히면 된다. 먹다 남은
김치찌개에서 김치를 건져 두부와 곁들여도 좋다. 김치를 익힐 때 삼겹살
등을 같이 넣어 익히면 보다 풍성한 두부김치를 먹을 수 있다.

내 사랑 고구마 맛탕

"어이구, 강원도로 시집을 보내야겠어."

구황작물만 보면 정신을 못 차리는 내가 종종 듣는 말이다. 고구마, 옥수수, 감자는 정말 눈에만 보이면 질리지 않고 먹을 수 있다. 대체 이 아이들이 왜 이렇게까지 좋은 건지는 정말 모를 일이다. 그러나 몇 년 전부터 우리 집에서는 고구마, 옥수수, 감자 같은 소위 '나의 최애 식품'이 거의 퇴출되고 말았다. 초기 당뇨 때문에 당 조절이 필요한 엄마에게 좋지 않기 때문이다.

만나지 못하는 사랑은 더 지독해지기 마련인가? 내가 고구마 맛탕을 만날 때 그렇다. 고구마도 좋아하고 달달한 것도 좋아하니 이 조합의 유혹은 이기기가 정말 힘들다. 그래서 한 번씩 부모님이 집을 비우면 얼른 뛰어나가 일단 고구마 다섯 개를

142

사 가지고 들어온다. 그리고 물에 쓱쓱 씻어 껍질째 툭툭 토막을 치고 물기를 빼서 후다닥 맛탕을 만든다.

예전에는 고구마를 살짝 쪄서 그걸 다시 기름에 튀기고 물엿 소스를 만들어 뒤적이는 복잡한 과정을 거쳤다. 그런데 이제는 요령이 생겨서 이 모든 과정을 하나로 통합해 버린다. 툭툭 썬 고구마를 자작한 기름에 넣고 은근히 익히다가 마지막에 흑설탕을 투하해서 뒤적거리면 기름에 녹은 흑설탕이 바삭하게 코팅되어 고구마 겉에 달라붙는다. 타지 않게 잘 뒤적여 따로 그릇에 담지도 않고 그대로 한입! 겉은 바삭하고 속은 촉촉한 고구마 맛탕 완성이다.

우유나 진하게 내린 커피 한 잔과 맛탕을 신나게 먹고 나면 몸도 마음도 두둑해진 느낌에 꼭 부자가 된 것 같다. 남은 것은 잘 식혀서 얼려 두었다가 전자레인지에 돌려 먹어도 되니 좀 넉넉하게 만들어도 좋다. 햇고구마가 나올 때면 넉넉히 만들어 먹고, 남은 것은 긴 겨울밤을 위해 얼려 두면 된다.

14
일
차

짠맛 • 단맛 • 감칠맛

우렁 강된장
견과류 멸치볶음
닭가슴살 소보로

요리를 하면서 좀 곤란할 때가 있다. 분명 하나의 식재료인데 나눠서
다른 한쪽만 써야 하는 레시피를 만났을 때이다. 달걀장을 할 때는 노
른자만 필요하고, 파도 흰 뿌리만 써야 할 때가 있는 것처럼 말이다.
이때 남은 식재료를 활용할 수 있는 레시피를 알아두면 금세 또 하나
의 반찬을 만들 수 있다. 닭가슴살 소보로 역시 그런 요리이다. 닭가
슴살이 없다면 흰자 소보로만으로도 충분하다.
우렁 강된장은 소라나 조개 등 다른 식재료에도 응용할 수 있다. 된
장과 쌈장, 청국장의 비율은 취향껏 조정해서 나만의 레시피를 만들
어 보는 것도 좋겠다.
멸치볶음은 다양하게 변형할 수 있는 쉬운 메뉴다. 단, 양념을 넣기
전에 마른 팬에서 볶는 것을 잊지 말자. 비린내를 없애고 바삭함을
잡아 준다.

짠맛이 가진 매력의 최고봉,
우렁 강된장

건강 때문에 나트륨 섭취를 줄여야 한다는 것은 이미 너무나 익숙한 얘기다. 하지만 가끔 내 몸에서 못 견디게 짠맛을 그리워할 때가 있는데 이때 한입 먹으면 딱 좋을 음식이 바로 우렁 강된장이다.

🍳 재료(4인분)

우렁 100g, 디포리 3마리, 양파 1개, 감자 1/2개, 두부 1/2모, 고추 2개, 참기름 1큰술, 된장 4큰술, 청국장 1큰술, 쌈장 1/2큰술, 고춧가루 1/2큰술, 밀가루 조금

🍽 순서

1 우렁은 밀가루를 조금 넣어 박박 씻어 물에 헹궈 둔다.

2 야채는 모두 잘게 다지듯 썰고 두부는 으깨서 물을 뺀다.

3 된장, 청국장, 쌈장은 모두 섞어 둔다.

4 디포리에 물을 두 컵 넣고 반으로 줄어들 때까지 팔팔 끓인다. 디포리 육수에 ③번을 넣고 개어 둔다.

5 다진 야채를 참기름에 볶다가 익으면 으깬 두부를 넣고 한 번 섞으며 익힌다.

6 육수에 갠 된장을 넣고 뒤섞다가 물을 넣어 자작한 농도를 맞춘다. 고춧가루를 넣어 색을 낸다.

7 한소끔 끓을 때 우렁을 넣는다.

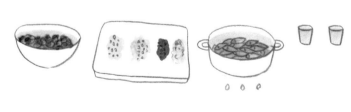

TIP

우렁은 마지막에 넣어 한 번 익혀야 질기지 않다. 취향에 따라 멸치를 볶아서 함께 넣거나 국물의 양을 늘려도 좋다.

147

고소하고 바삭한, 견과류 멸치볶음

견과류 멸치볶음은 볶음 멸치에 각종 견과류를 더해 만드는 반찬이다. 멸치의 짭짤한 맛, 견과류의 고소한 맛, 양념의 달콤한 맛이 어우러져 마치 과자처럼 계속 먹게 된다.

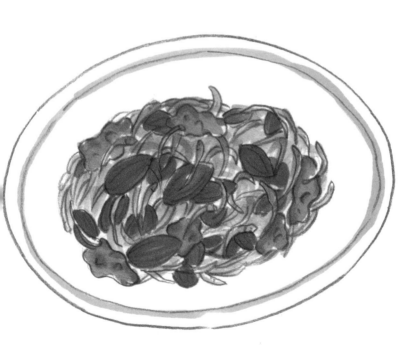

🔲 재료(4인분)

볶음용 멸치 5컵, 견과류 3컵, 간장 2큰술, 설탕 2큰술, 맛술 2큰술, 꿀 2큰술, 참기름 4큰술, 깨 약간

🍽 순서

1 멸치는 마른 팬에 약불로 서서히 볶아 수분을 날리고 바삭하게 굽듯 익힌다.

2 견과류 역시 마른 팬에 살살 볶아 살짝 익히고 여기에 멸치를 넣어 섞는다.

3 ②번의 불을 끄고 식히면서 간장, 설탕, 맛술, 꿀, 참기름을 섞어 양념을 만든다.

4 ③번을 끓이다가 확 끓어오를 때 식은 멸치와 견과류를 넣고 빠르게 뒤섞는다.

5 깨를 뿌려 마무리한다.

TIP

견과류는 호두, 잣, 호박씨, 아몬드 등이 좋다. 요즘 견과류를 믹스해서 파는 것이 있는데 그것을 쓰면 좋다. 한 가지만 넣어도 상관없다. 단, 땅콩이나 잣은 기름기가 많아 눅눅해질 수 있기 때문에 나중에 따로 뿌려서 먹는다.

달걀흰자와 가슴살의 콜라보,
닭가슴살 소보로

요리를 하다 보면 의외로 달걀노른자만 쓸 때가 많다. 그럴 때마다 남는 흰자를 처리하기가 어렵다면 달걀흰자로 소보로를 만들어 보는 것은 어떨까. 냉장고에 있는 다른 야채도 활용해서 색색의 고명을 만들어 보자.

⚖️ 재료(1~2인분)

닭가슴살 100g, 달걀흰자 3~4개 분량, 당근 1/2개, 애호박1/2개, 시판 불고기 양념 1큰술, 소금 약간

🍲 순서

1   닭가슴살은 삶아서 잘게 찢는다.

2   달걀흰자는 소금 간을 약간 해서 지단으로 부친 후 식힌다.

3   애호박과 당근은 잘게 다져서 소금 간을 한 뒤 기름에 볶는다. 참기름 한두 방울로 풍미를 돋워도 좋다.

4   닭가슴살 찢은 것에 시판 불고기 양념을 넣고 한 번 더 볶는다.

5   식힌 지단은 채소와 비슷한 크기로 썰고 밥 위에 각각 가슴살, 지단, 채소 볶은 것을 올려 색색의 느낌을 낸다.

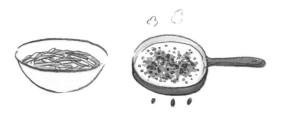

TIP
각종 채소 대신 명란젓, 낙지젓, 오징어젓 같은 젓갈류와 먹어도 별미이다.

최소 에세이

해석하기 나름, 심오한 요리 암호

우리나라 말은 참 어렵다. 글을 쓰는 일을 업으로 삼고 있고, 전공을 했음에도 늘 이 단어가 맞는 건가, 이 표현을 다르게 하려면 어떻게 해야 하나 늘 고민한다. 특히 요리를 할 때 쓰는 표현이나 맛 표현은 더 그렇다.

어슷하게, 조밀하게, 자분자분, 나박나박 등 그 모양이나 크기, 느낌을 말하는 표현은 오히려 대체할 수 있는 단어들이 좀 있다. 그런데 자박하게, 자작하게, 한소끔처럼 양을 가늠해야 하는 표현이나 짭쪼름, 짭짤이 그냥 짠맛과 어떤 차이가 있는지 설명해야 할 때 한참을 망설이게 된다.

게다가 적당히, 알맞게, 한번 휘익 같은 말은 그 범위조차 잡히지 않아 혼란만 더해진다. 처음 요리를 할 때 가장 어려운 게 바로 이런 말 때문이다. 일반적인 레시피북은 계량할 수 있는 기준이 있어서 따라하면 얼추 그 맛을 낼 수 있는데, 정작 가장 배우고 싶은 엄마 요리, 이모 요리, 할머니 요리는 계량 기준이 다 '말'로 되어 있어서 처음에 엄청 헷갈린다. 그중 지금도 감이 절반인 요리가 바로 강된장이다.

일반적인 된장찌개처럼 끓이기 시작해서 졸여 보거나 된장 양을 줄이기도 했다. 큰 그릇에서 시작해 바닥에 눌러 붙게 해 보고, 작은 그릇에 오밀조밀 끓이기도 했다. 계속 실패를 거듭한 끝에 얻은 결론은 하나였다.

그냥, 입맛에 맞게 그때그때 끓이자는 것. 평균을 낼 수 있는 대략의 레시피는 있지만, 된장의 종류, 안에 들어가는 재료에 따라 맛이 조금씩 달라지는 게 사실이다. 나 역시 누군가가 요리 방법을 물어 오면, '된장에 자박하게, 재료는 숭덩숭덩, 그냥 적당히 넣고'라고 대답하고 있으니 말이다.

이쯤 되면 요리의 세계가 심오한 것인자 우리나라 표현이 심오한 것인지 한 번 생각해 봐야 하지 않을까 싶다.

15
일
차

담백한 맛 • 매운맛 • 짠맛

두부 버섯전
부추무침
닭가슴살 파프리카샐러드

두부 버섯전은 태세 전환이 쉬운 요리 중 하나이다. 원래대로 하려면 갓이 오목한 그릇처럼 생긴 표고버섯을 고르고 그 안에 소를 채워 넣어야 하지만, 여의치 않으면 죄다 다져서 동그랑땡으로 부쳐 버리면 된다. 이때는 부침가루 없이 둥글게 치댄 소를 기름에 지지면 된다. 달걀도 아예 소에 섞어 버리면 더 편하다.

닭가슴살 샐러드는 굳이 파프리카가 아니어도 된다. 냉장고에 남아 있는 생으로 먹을 수 있는 식감 있는 채소는 무엇이든 상관없다. 깨소스는 채소와 궁합이 좋은 만능 소스 중 하나라 딥소스처럼 샐러리 등을 찍어 먹어도 맛있다.

부추 무침이 잘 어울리는 것은 진하게 끓인 맑은 국물이다. 굴국이나 재첩국은 부추와 궁합이 좋은 국물 요리이니 뜨거운 국물 요리를 할 때 한 번 곁들여 보는 것도 좋겠다.

담백하고 든든한,
두부 버섯전

두부와 버섯은 모두 담백한 맛이 특징인 식재료이다. 그래서 이 두 식재료가 어우러지면 모난 곳 없이 부드러운 맛이 난다. 간을 적게 해서 재료 자체의 맛을 살려 보자.

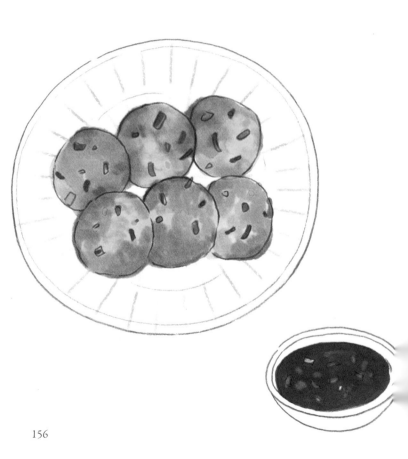

🍲 재료(4인분)

표고버섯 20개, 두부 1/2모, 당근 1/2개, 피망 1개, 소금 1/3큰술, 부침가루 1컵, 달걀 물 2컵, 참기름 2큰술

🍽 순서

1 표고버섯은 대를 떼고 깨끗하게 씻는다. 갓 부분이 찢어지지 않게 주의한다.

2 두부는 살짝 데쳐 으깨고 당근, 피망, 버섯 대는 잘게 다져 두부와 함께 소금 간을 해서 섞는다.

3 표고버섯의 갓에 ②번의 소를 도톰하게 채운다. 동글납작한 소위에 갓을 씌워 얹는다는 느낌으로 만든다.

4 부침가루와 달걀 물을 차례로 묻혀 노릇하게 부친다.

TIP
버섯을 전체적으로 다져 넣어 동그랑땡처럼 부쳐도 상관없다. 버섯을 모두 다져 넣을 때는 두부의 양을 조금 더 늘린다.

아삭하고 시원한 맛,
부추무침

김치처럼 먹을 수 있는 부추무침은 액젓의 감칠맛이 매력적인 반찬이다. 밥과도 잘 어울리지만 특히 맑은 국이 있을 때 국과 잘 어울리는 반찬이기도 하다. 의외로 라면과의 궁합도 훌륭하다.

⚖️ 재료(4인분)

부추 150g

양념: 고춧가루 2큰술, 액젓 2큰술, 올리고당 1큰술, 다진 마늘 2큰술, 설탕 2큰술, 참기름 3큰술

🍽️ 순서

1 부추는 살짝 씻어 물기를 뺀 후 한입 크기로 썬다.

2 양념을 섞어 부추에 가볍게 버무린다.

TIP ──────────────────────────────

부추를 너무 많이 주무르면 풋내가 나니 가볍게 버무리는 것이 포인트이다. 양파나 오이를 함께 무쳐도 맛있다. 액젓은 멸치 액젓이 가장 무난하다.

다이어트 할 때 좋은,
닭가슴살 파프리카샐러드

닭가슴살은 퍽퍽한 식감 때문에, 즐기지 않는 사람과 이것만 좋아하는 사
람으로 나뉜다. 고소한 깨 소스, 아삭한 파프리카와 함께 호불호 없는 샐
러드를 만들어 보는 것은 어떨까?

🍳 재료(4인분)

닭 가슴살 300g, 파프리카 4개

양념: 땅콩버터 2큰술, 마요네즈 2큰술, 겨자 1/4큰술, 간장 1큰술, 물1컵, 설탕 2큰술, 꿀 1큰술, 깨 약간

🍲 순서

1 닭가슴살은 끓는 물에 익혀 찢어 둔다.

2 파프리카는 길게 자른다.

3 양념을 모두 섞어 소스를 만든다.

4 닭가슴살과 파프리카 위에 소스를 얹어 버무린다.

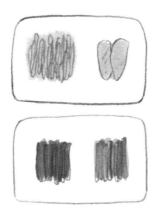

TIP ────────────────────

닭가슴살 대신 차돌박이를 활용해도 되고, 파프리카 대신 어린잎 채소를 활용해도 좋다. 깨 소스는 냉채 느낌의 샐러드에 두루 어울리니 적절히 응용해 보자.

최소 에세이

언니, 나 오늘 부추 먹어요

지금 생각해도 참 특이한 사수였다. 예뻤고 씩씩했으며 일도
잘했다. 불의를 보면 절대 참지 않았고 실수는 그 자리에서 인
정했고 사과는 빠르고 대처는 시원시원했다. 딱 하나. 정말 딱
하나. 절대 고쳐지지 않는 지각병이 문제였다.

그것도 꼭 삼십 분씩이었다. 삼십오 분도 아니고 이십오 분도
아니고, 정말 딱 삼십 분씩 일주일에 평균 네 번씩 지각을 했
다. 아니다. 다섯 번 다 지각을 하는 주가 더 많았으니 일 년에
두세 번을 제외하고는 다 지각이라고 보면 될 정도였다. 그러
니 회사에서는 미치고 팔짝 뛸 노릇이 아닐 수 없었다. 그 삼
십 분을 빼면 나머지 시간은 정말 완벽에 가까운 직원이었기
에 어르고 달래고 혼내고 협박을 했다. 그러나 선배의 지각 습
관은 절대 고쳐지지 않았다.

그 선배가 제일 좋아하는 음식은 굴국밥이었다. 그리고 그 뜨

거운 국밥을 십오 분 만에 후루룩 먹고 남들이 한 시간쯤 노닥
거리는 점심시간을 항상 이십 분 안에 끝내고 업무를 하곤 했
다. 어쩔 수 없이 나도 이십 분의 점심시간을 가져야 했는데,
그러다 보니 굴국밥 먹는 데는 아주 도가 트고 말았다.

뜨거운 굴국밥을 빠르게 먹기 위해서 꼭 필요한 것이 있는데
바로 수북한 부추무침이다. 다행히도 나도 선배도 부추를 아
주 좋아했다. 남들 세 배 이상의 부추무침을 달라고 해서 한
번에 국밥에 쏟아 넣으면 풀이 푹 죽으면서 국밥의 온도가 확
내려간다. 십오 분 안에 국밥을 먹을 수 있는 비결이자, 그렇
게 빨리 먹고도 속 불편하지 않게 앉아 있을 수 있는 이유이
기도 했다.

결국 그 선배는 일 년 좀 넘게 다니다가 퇴사를 했다. 나 역시
회사를 그만 두었지만, 지금도 식당에서 부추무침이 나오거나
부추를 다듬어 무칠 때면 한 번씩 안부를 묻는다. "언니, 나 오
늘 부추 먹어요."라고 말이다.

16
일
차

짠맛 ● 단맛 ● 신맛

돼지고기 곤약조림
아몬드 새우볶음
코울슬로

돼지고기 곤약조림은 고기가 메인인 것 같지만 사실은 고기 국물이 배어든 곤약이 메인인 요리이다. 곤약은 그 자체로는 맛이 없기 때문에 고기와 채소가 우러난 국물이 짭짤하게 배어들면 쫄깃한 식감과 더불어 매력적인 맛을 만들어 낸다.

아몬드 새우볶음은 매콤 달콤한 맛이 특징인데 거기에 아몬드의 고소함과 새우의 감칠맛이 어우러진 반찬이다. 고추장이 엉겨 붙지 않도록 꼼꼼하게 개어서 고루 섞는 것이 중요하다. 필요에 따라 고추장 양념을 더한 후 기름을 두르고 한 번 더 볶아도 좋다.

코울슬로는 자체로도 맛있지만 빵에 넣어 샐러드 샌드위치로 먹어도 별미이다. 튀긴 음식과 어울리는 새콤하고 아삭한 맛이라 치킨이나 돈가스 등과 함께 먹어도 좋다.

칼로리는 낮추고 맛은 올리는,
돼지고기 곤약조림

곤약은 구약나물의 줄기로 만든 가공식품이다. 우뭇가사리나 젤라틴처럼 탱글탱글한 성질을 지니고 있고 대부분 수분이므로 포만감은 주지만 칼로리는 낮은 음식이다. 곤약 자체의 맛은 거의 없기에 다른 양념과 어우러질 때 빛을 발한다.

🍲 재료(2~3인분)

돼지고기 200g, 곤약 150g, 감자 1개, 양파 1개, 표고버섯 5개, 대파 1대, 꽈리고추 10개, 간장 3큰술, 설탕 2큰술, 맛술 2큰술, 다시마 육수 2컵, 다진 마늘 2큰술, 식초 2큰술

🍽 순서

1   냄비에 물을 넣고 식초를 넣어 끓이다 곤약을 데친 후 찬물에 헹군다.

2   채소는 한입 크기로 다듬는다.

3   감자, 당근, 양파, 버섯 순으로 기름에 볶는다. 꽈리고추는 이쑤시개로 구멍을 몇 개 낸 후 마지막에 넣어 함께 볶는다.

4   다시마 육수에 간장, 설탕, 맛술을 넣고 끓이다 고기를 넣고 익힌다. 고기가 반쯤 익었을 때 볶은 채소를 넣어 뒤적인다.

5   곤약을 넣고 색이 물들 때 마무리한다.

TIP
감자와 당근은 모서리를 둥글게 다듬으면 부스러지는 것이 적어 국물이 탁해지지 않는다.

고소하고 아삭한 맛반찬,
아몬드 새우볶음

마른 새우는 갈아서 가루로 만들어 두면 감칠맛을 내는 조미료 역할을 하며, 씹을수록 은은한 맛이 좋은 식재료이다. 두절새우나 보리새우로 볶음 반찬을 만들면 오래 두고 먹을 수 있다.

🍳 재료(4인분)

보리새우 혹은 두절새우 4컵, 생아몬드 2컵, 식용유 1/2컵, 고추장 3큰술, 꿀 2큰술, 올리브유 1큰술, 마요네즈 1큰술

🍽 순서

1 올리브유를 아주 조금 두르고 아몬드를 빠르게 볶는다. 타지 않게 기름 코팅을 하는 느낌으로 볶는다.

2 마른 팬에 새우를 볶는다. 수분이 날아가면 아몬드를 넣어 섞어준다.

3 식용유에 고추장, 꿀을 넣고 양념을 만든다. 양념이 뭉치지 않게 ②번에 넣고 불 끈 팬 위에서 뒤적여 남은 열로 익힌다.

4 식으면 마요네즈를 넣고 한 번 더 뒤적인다.

TIP ─────────────
마요네즈를 넣으면 서로 달라붙는 것을 막고 좀 더 부드럽고 고소하게 먹을 수 있지만, 오래 보관하려면 마요네즈를 넣지 말아야 한다.

튀긴 요리에 잘 어울리는, 코울슬로

새콤한 듯 아삭한 코울슬로는 일종의 양배추 샐러드이다. 이름 자체도 차가운 양배추라는 뜻의 네덜란드어 'koolsla'에서 유래되었다. 빵이나 튀긴 요리에 곁들이기에 좋다.

🍳 재료(2~4인분)

흰 양배추 1/3통, 적 양배추 1/3통, 당근 1/2개, 마요네즈 1컵, 허니머스터드 1/2컵, 설탕 2큰술, 식초 1/2컵, 소금 1큰

🍽 순서

1 양배추와 당근은 채 썰어 섞어서 식초와 소금을 넣어 절인다. 적 양배추에서 보라색 물이 나오기 때문에 뒤적거리며 빠르게 절여야 한다. 어느 정도 절여졌으면 물기를 뺀다.

2 마요네즈, 허니머스터드, 설탕을 섞어 소스를 만든다. 이때 취향에 따라 원하는 맛을 가감한다.

3 채소에 양념을 버무려 먹는다.

TIP
좀 더 새콤한 맛을 원하면 절이는 시간을 늘려 피클처럼 만들면 된다. 옥수수 통조림을 넣으면 식감이 좀 더 다양해진다.

〈심야식당〉 속으로 들어갔다!

일본 드라마 〈심야식당〉을 보면 하나의 요리에 담긴 사람의
이야기가 얼마나 그 요리를 먹고 싶게 만드는지 알 수 있다. 사
실 별 거 아닌 요리인데 그 요리를 먹는 사람, 하는 사람, 그들
의 관계에서 보여는 진득함이 보는 이들로 하여금 '아, 저거 먹
고 싶다.'라는 생각이 들게 하고, 종국에는 그곳에 가 보고 싶
다는 마음까지 먹게 한다.

몇 번의 일본 여행을 하면서 맛집을 검색하기보다는 혼자 느
리게 골목을 기웃거렸던 것도 아마 〈심야식당〉의 영향이 크
지 않았을까 싶다.

언젠가 도쿄에 갔을 때의 일이다. 역시나 그때도 혼자 밤거리
골목을 기웃거리며 한 끼 먹을 곳을 물색하고 있었다. 도심 한
가운데 번화한 곳이 아니라 주택가 근처에 숙소를 잡은 까닭
에 골목은 정말 고즈넉했다. 영 먹을 곳을 찾지 못하면 그냥 편

의점에서 뭐라도 사야겠다고 체념할 무렵, 거짓말처럼 오종종한 불이 쫙 켜져 있는 뒷골목이 하나 나타났다.

마치 드라마 세트장처럼 고만고만하게 작은 가게들이 열 개 남짓 붙어 있었다. 어떤 집은 라멘을, 어떤 집은 꼬치구이를, 또 어떤 집은 돈가스를 팔고 있었다. 그리고 그중에 딱 한 집이 간판에 '밥집'이라고 써 놓고 영업을 하는 중이었다.

살짝 떨리는 마음으로 조심스레 문을 열었는데 아, 기대했던 분위기가 펼쳐져 있었다. 다들 혼자 조용히 밥을 먹고 있는 가운데 자리를 잡고, 드라마에서처럼 중후한 중년의 마스터에게 돼지고기 곤약조림과 밥을 주문했다. 얼마 안 있어 짭짤한 짠지 두 종류와 함께 차려진 작은 밥상이 나왔다.

음식은 정갈했고 알맞게 맛있었다. 쫄깃한 곤약과 달달하게 조려진 촉촉한 돼지고기가 갓 지은 밥과 얼마나 잘 어울리던지 금세 한 그릇을 뚝딱 해치웠다. 우리나라 돈으로 7,000원 정도 되는 금액을 지불하고 나오면서 어쩐지 기분이 무척 좋았다. 마치 내가 좋아하는 드라마 〈심야식당〉 속에 잠시 들어갔다 온 것 같은 기분이었달까?

17
일
차

짠맛 ● 매운맛 ● 담백한 맛

장아찌
양파김치
새송이 산적구이

버섯은 기름을 둘러 살짝 익혀 먹으면 담백한 고기 같은 맛을 느낄 수 있는 식재료이다. 다른 재료와의 어우러짐도 좋아서 산적꼬치를 할 때 빠지지 않는 재료이다. 꼬치를 할 때는 재료의 길이가 일정해야 하고 크기가 비슷해야 부칠 때 서로 겉돌지 않는다.

장아찌는 간장이나 고추장, 소금에 절인 채소를 말한다. 간장으로 만든 장아찌의 경우 건더기를 건져 먹고 간장은 전을 찍어 먹거나 맛간장으로 활용할 수 있다. 장아찌를 더 맛있게 먹으려면, 한 달쯤 지나 간장을 다시 끓여서 식혀 부어 주면 된다.

양파김치는 신선하게 먹는 김치이다. 배추나 무처럼 오래 두고 먹는 저장 김치가 아니다. 갓 해서 먹는 김치이기 때문에 푹 시어 버리기 전, 알맞게 익었을 때 즐겨 보자.

손댈 것 없는 장기 보관 반찬, 장아찌

간장에 절인 채소를 오래 숙성시켜서 먹는 장아찌는 사시사철 먹을 수 있는 반찬이다. 재철 채소를 저장하는 방법이기도 하다. 짭짤하지만 개운하기도 하고, 식감도 살아 있어 반찬으로 제격이다.

🏋 재료(4인분)

고추 300g, 양파 5개, 통마늘 10통, 간장 5컵, 물 5컵, 식초 5컵, 설탕 5컵

🍽 순서

1 채소는 깨끗하게 씻어 물기를 완전히 뺀다. 양파는 껍질을 벗겨 1/4쪽으로 자르고 마늘은 껍질을 다 깐 후 알마늘로 준비한다.

2 간장, 물, 식초, 설탕을 모두 섞어 끓인다. 끓어 넘치지 않게 설탕을 잘 녹이며 끓여야 한다. 끓기 시작하면 2~3분 정도 더 끓이면 된다.

3 소독한 유리병에 양파, 고추, 마늘을 켜켜이 담고 뜨거운 간장을 붓는다. 이때 유리병을 가득 채우는 게 좋다.

4 뚜껑을 닫고 뒤집어서 찬물에 담가 식히는데 처음에 비해 높이가 좀 내려가면 서늘한 곳에서 하루 이틀 숙성시킨다.

5 일주일쯤 지나고 간장만 따라내어 다시 끓인 뒤 식혀서 붓는다.

TIP
오래 두고 먹을 것은 간장, 물, 식초, 설탕을 1:1:1:1 비율로 하고, 금방 먹을 것은 간장의 양을 좀 줄여서 해도 된다.

수분이 많아 더 아삭한,
양파김치

김장 김치는 떨어지고 무나 파로 만든 김치는 조금 질릴 때 양파 한두 개로 후딱 김치를 만들어 보는 것은 어떨까? 아삭하고 상큼한 맛이 입맛을 돋워 주는 효자 반찬이다.

⚖️ 재료(4인분)

양파 5개

양념: 채 썬 무 2컵, 부추 50g, 고춧가루 60g, 액젓 3큰술, 매실액 3큰술, 생강
즙 2큰술

🍲 순서

1   양파는 껍질을 벗겨 아래쪽은 조금 남기고 위에 칼집을 낸다. 4등
    분 혹은 6등분이 적당하다.

2   무와 부추는 한입 크기로 채 썰고 양념을 넣어 소를 만든다.

3   양파 사이에 소를 끼워 넣고 겉에도 잘 발라서 실온에서 하루 이
    틀 익혀 냉장고에서 2~3일 보관했다 먹는다.

TIP

김치 소에 사과나 배 등의 과일을 같이 채 쳐서 넣으면 달콤하면서도 아
삭한 맛이 더 감돌아 김치가 맛있다.

꿰기만 해도 요리가 되는,
새송이 산적구이

명절 때 자주 먹는 꼬치산적의 간단한 버전이라고 할 수 있는 새송이 산적구이. 고기가 있으면 있는 대로, 없으면 없는 대로 있는 재료에 따라 느낌과 맛이 달라지는 반찬이다. 냉장고에 애매한 재료들이 남았을 때 한번 시도해 보자.

🏋️ 재료(4인분)

새송이버섯 3개, 맛살 1팩, 김밥용 햄 1팩, 피망 2개, 부침가루 1/2컵, 달걀 물 1컵, 소금 약간

🍲 순서

1 버섯과 맛살, 햄, 피망을 같은 길이로 잘라 꼬치에 꿴다.

2 부침가루와 소금 간한 달걀 물을 차례로 입혀 노릇하게 굽는다.

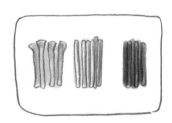

TIP

햄 대신 길게 자른 고기를 넣으면 좀 더 고급스러운 맛이 난다. 새송이버섯을 제외한 다른 재료는 그때그때 있는 것으로 대체할 수 있다.

요리를 즐기는 진짜 중요한 한 가지

집에 아무것도 없는데 갑자기 손님이 올 때가 있다. 물론 지금은 집에 부모님이 계시기 때문에 손님 메뉴는 내가 걱정할 일이 아니다. 문제는 혼자 살 때였다.

특히 애매한 시간에 찾아오는 사람을 밥 먹여 보내야 할 때 무척 고민이 되었다. 뭔가 배달을 시키면 좀 부담스러울 것 같고, 그냥 밥 한 그릇에 밑반찬 한두 개, 그리고 갓 만든 반찬 하나 정도면 될 때 가장 만만한 것 중 하나가 바로 새송이버섯 요리이다.

새송이버섯은 마트뿐 아니라 조금 큰 편의점에서도 살 수 있다. 또 버섯에 맛살이나 햄을 끼워 산적을 만드는 데 들이는 시간에 비해 제법 훌륭한 반찬이 만들어진다. 특히 새송이 산적구이에는 간장이 아닌 잣소금이 잘 어울린다.

워낙 견과류를 좋아하는 까닭에 냉동실에 늘 잣이나 호두가 보관되어 있는 편이다. 잣과 소금을 같은 양으로 찧어서 찍어 먹으면 고소하고 짭짤한 맛이 기름 둘러 부친 전류와 꽤 잘 어울린다.

요리라는 것이 참 이상하다. 정작 내놓을 것이 없어 고민하다가도 이렇게 한 가지라도 명확한 인상이 남는 것을 만들어 내면 전체적으로 잘 차려 정성스레 대접한 것 같은 기분이 든다. 가끔 시간이 좀 더 있을 때 한 번씩 재미를 줄 겸 간장을 젤리처럼 만들어 보기도 한다. 일반 맛간장에 불린 우뭇가사리를 좀 넣고 작은 젤리틀에 넣어 굳히면 전 하나에 한 개씩 얹어서 먹을 수 있는 간장 젤리가 만들어진다. 함께 먹는 이들이 즐거워하는 것은 물론이고, 평범한 산적구이 하나도 맛있게 먹을 수 있다.

이처럼 요리는 비싼 재료, 오래 들이는 시간도 중요하지만 일상적인 것에 더하는 작은 아이디어 하나가 더 중요할 때도 있다. 그리고 그런 지점을 고민하는 것이 진짜 요리를 즐기는 방법이다.

18
일
차

짠맛 • 매운맛 • 신맛

조랭이 떡불고기
무생채
오징어초무침

특정한 식재료가 유난히 넘쳐나는 시기가 있다. 김장철이 그렇다. 김
장철, 다양한 김치의 소를 위해 그리고 석박지나 깍두기를 위해 무가
풍성해지면 제철 오징어와 함께 초무침을 하거나 무채 비빔밥으로 한
끼를 즐겨 보자. 김치에 들어가는 것과는 또 다른 무의 맛을 느낄 수
있다. 무는 소화를 돕기 때문에 과식한 후에 돌아오는 끼니에 챙겨 먹
으면 소화에 도움을 줄 수 있다.

떡이 들어가고 간장과 불고기 양념으로 만드는 떡볶이를 궁중 떡볶이
라고 한다. 떡의 양을 늘리면 떡볶이가 되고, 고기의 양을 늘리면 불고
기가 되니 그만큼 자유자재로 조절해서 먹는 재미가 있다. 끼니로도
간식으로도 훌륭한 떡불고기는 밥을 먹지 않아도 든든한 메뉴이다.

달달함과 쫄깃함의 조화,
조랭이 떡불고기

불고기와 떡의 조합은 꽤 좋은 편이다. 다양한 떡을 이용할 수 있지만 일반적인 떡볶이 떡이 아닌 조랭이 떡을 이용하면 부담스럽지 않은 불고기 요리가 완성된다.

🍲 재료(2인분)

불고기용 소고기 200g, 조랭이 떡 250g, 양파 1개, 당근 1/2개, 팽이버섯 1컵, 대파 1/2대

양념: 간장 3큰술, 물엿 1큰술, 맛술 2큰술, 참기름 2큰술, 설탕 1/2큰술, 매실청 1/2큰술, 다진 마늘 2큰술, 후춧가루 약간

🍽 순서

1   조랭이 떡은 가볍게 물에 헹궈 물기를 뺀다. 얼어 있는 떡일 경우 뜨거운 물에 데쳐서 찬물에 헹군다.

2   양념장을 만들어 소고기를 재어 둔다. 양파, 당근, 대파를 넣어 함께 양념이 배도록 한다.

3   기름 두른 팬에 불고기를 넣고 익힌다. 버섯은 이때 집어넣어 함께 익히고 고기가 반쯤 익으면 떡을 넣어 뒤적인다.

4   후춧가루를 뿌려 마무리한다.

TIP
맛술 대신 다시마 육수를 넣으면 감칠맛이 좋아진다. 육수의 양을 늘리면 국물이 있는 불고기 떡볶이가 된다. 이때 당면이나 소면을 삶아 넣어 함께 먹으면 별미다.

가볍게 무쳐 상큼하게 먹는, 무생채

시원하고 아삭거리는 무는 새콤하고 매콤하게 무쳐 생채로 먹어도 맛있는 식재료이다. 요리를 하다 자투리 무가 남거나 달고 시원한 겨울 무를 만나면 무생채를 만들어 보자.

🍳 재료(4인분)

무 1개, 쪽파 3대, 고춧가루 6큰술, 액젓 2큰술, 소금 1/2컵, 물엿 2큰술,
설탕 1/2큰술, 다진 마늘 2큰술, 깨 약간

🍲 순서

1 무는 굵게 채를 썬다. 결대로 썰어야 씹는 맛이 좋다. 쪽파도 한
입 크기로 썬다.

2 무에 소금을 뿌려 살짝 버무려 빠르게 헹궈 물을 뺀다.

3 고춧가루를 넣어 버무려 색을 낸 후 액젓, 물엿, 설탕, 마늘을 섞
은 양념을 넣고 무친다.

4 하루 정도 숙성시켜 먹거나 바로 먹을 때는 깨로 마무리한다.

TIP
소금을 뿌려 너무 오래 버무리면 무의 아삭한 맛이 푹 죽어 버리니 빠르
게 한 번 뒤적거린다는 느낌으로 버무려 헹군다. 고추장을 약간 넣고 밥
을 비벼 먹어도 별미이다.

반찬으로도 안주로도 좋은, 오징어초무침

쫄깃한 오징어의 씹는 맛에 아삭한 채소가 더해지고 거기에 매콤하면서 새콤한 양념이 입혀진다. 생각만 해도 입맛이 도는 반찬이다. 들어가는 채소는 그때그때 다르게 응용해 보자.

🍶 재료(3~4인분)

오징어 2마리, 오이 1개, 미나리 자른 것 1컵, 소금 1큰술

양념: 고춧가루 1큰술, 식초 1큰술, 물엿 1큰술, 매실액 1큰술, 고추장 1/2큰술,
다진 마늘 1큰술, 깨 약간

🍽 순서

1 오징어는 끓는 물에 3분 데쳐서 몸통과 다리를 나눠 비슷한 크기
   로 썬다.

2 오이는 어슷하게 썰어 소금에 절였다가 약 30분 뒤 물에 헹궈 물
   기를 짜고, 미나리는 물에 씻어 물기를 뺀다.

3 분량의 재료를 섞어 양념장을 만든다. 모든 재료를 넣고 버무리
   고 깨로 마무리한다.

TIP ─────────────────────────────

미나리와 오이 대신 무를 설탕에 절였다가 넣어도 된다. 배나 사과를 넣
어도 별미이다. 오징어는 끓는 물에 살짝 데쳐야 질기지 않다.

따라갈 수 없는 할머니의 맛

할머니에 대한 애틋함이 있는 사람들이 많다. 아무래도 교육을 위해 꾸중도 하고 매도 드는 부모보다 무한한 사랑을 주고 품어 주는 할머니에 대한 기억 때문이리라.

헌데 나는 친할머니도 외할머니도 그다지 애틋한 기억이 많지 않다. 얼마 전 돌아가신 친할머니에게도, 아직 살아계신 외할머니에게도 느끼는 감정은 비슷하다. 그렇다고 해서 두 분이 드라마나 영화에 나오는 악한 할머니는 절대 아니다. 오히려 남들이 봤을 때는 헌신적이고 부드럽고 다정한 할머니에 가깝다. 단지 내게 그렇지 않으셨을 뿐이다.

눈물 많고 소녀 같은 친할머니는 누구를 더 많이 사랑해야 하는지 너무 잘 알고 있었다. 한살 터울의 사촌 오빠가 장손으로 든든히 서기 위해서 다른 손주들은 조금 숨죽이고 있어야 했다. 그러나 강하고 승부욕 넘치는 나는 그 분위기를 따를 수

192

없었다. 그렇게 늘 들이받았고 대놓고 오빠를 무시하거나 놀렸으며, 커서는 혼자 서먹하게 멀어지고 말았다.

외할머니도 마찬가지였다. 여기는 외삼촌이 낳은 첫 아들이 모든 애정의 대상이었다. 내 새끼가 입을 오물거리고 먹는 것만 봐도 흐뭇한 그 표정…. 그래서일까? 딱히 쌓일 정도 없이 커 버렸고 지금까지 왔는데, 이상하게도 두 분이 해 주었던 요리는 지금도 기억이 난다.

친할머니의 토란국과 외할머니의 조랭이 떡불고기가 그것이다. 돌아가신 할아버지가 좋아했던 국이 토란국이어서 친가는 지금도 추석이면 토란국을 먹는데 솔직히 할머니가 만들어 주었던 맛이 나지 않는다. 또 아무리 좋은 한식당에 가서 먹어도 외할머니가 후딱 볶아 주었던 조랭이 떡불고기 맛은 아니다.

내 앞에 음식을 놓아 주셨던 할머니들의 얼굴은 지금 생각해도 진심 가득한 것이었다. 그래서일까, 신기하게도 이들 요리를 먹을 때면 지금보다 젊은 두 할머니의 모습이 그림처럼 떠오른다.

19
일
차

매운맛 • 신맛 • 고소한 맛

코다리조림
도라지초무침
마른 나물볶음

호박은 새우젓과 궁합이 잘 맞는다. 애호박으로 찌개를 끓일 때에도 소금보다는 새우젓국으로 간을 하면 감칠맛이 좋아지고 훨씬 맛있다. 이때 두부를 숭덩숭덩 썰어 넣으면 훌륭한 젓국찌개가 된다. 마른 나물은 보관이 용이해서 간장과 참기름만 둘러도 맛있게 볶아 먹을 수 있다. 이때 간장에 다시마와 고추, 생강, 맛술, 마늘, 양파, 표고 버섯 등을 넣고 끓여서 거른 맛간장을 만들어 뒀다 사용하면 훨씬 쉽게 만들 수 있다.

코다리는 졸여도 맛있지만, 좀 되직하게 만든 양념을 발라 구워 먹어도 별미이다. 이때는 포슬포슬한 결을 살리며 참기름에 굽는 것이 맛있게 만드는 비결이다.

도라지는 아린 맛이 부담스러워 생으로 잘 먹지 않지만 소금으로 아린 맛을 빼고 양념을 하면 쫄깃하면서도 아삭한 맛에 금세 푹 빠지게 된다.

최소 반찬 55

포실포실한 맛에 손이 가는,
코다리조림

코다리는 선뜻 손이 가지 않는 재료 중 하나이다. 바짝 말라 있는데다 살
도 별로 없어 보여서 이걸 어떻게 하면 좋을지 감이 안 잡히기 때문이다.
하지만 양념을 잘 입혀 조리면 중독성 있는 맛에 푹 빠지게 된다.

🔖 재료(4인분)

코다리 2마리, 무 1/2개, 양파 2개, 찹쌀가루 1/2컵

양념: 진간장 2컵, 물 5컵, 맛술 1컵, 매실액 1컵, 액젓 2큰술, 다진 마늘 2큰술,
고춧가루 2큰술, 물엿 2큰술, 청양고추 5개

🍲 순서

1 코다리는 토막 쳐서 씻은 후 찹쌀가루를 얇게 입혀 10분쯤 두었
   다가 찜기에서 10분 찐다.

2 양념을 모두 섞어 한 번 끓여 둔다. 이때 청양고추를 함께 넣어
   끓이고, 고추는 건져 버린다.

3 무를 나박하게 썰어 깔고 그 위에 양파를 한 개만 잘라서 깐다.

4 ③ 위에 코다리를 얹고 양파 한 개를 마저 잘라 위에 덮어 준다.
   양념을 고루 붓고 졸이듯 익힌다.

TIP

매실액 대신 유자청을 넣어도 좋다. 단, 유자향이 너무 강해질 수 있으니
올리고당과 섞어서 쓰면 된다. 매운 맛을 즐긴다면 청양고추를 건지지 말
고 잘라서 함께 끓여 요리한다.

쌉쌀하면서도 아삭한,
도라지초무침

도라지는 아린 맛 때문에 조리하기가 까다롭다는 생각을 많이 하지만 새콤달콤한 양념과 함께라면 충분히 매력적인 반찬이다. 이 양념은 더덕무침 등에도 활용할 수 있다.

🍳 재료(2~4인분)

도라지 300g, 깨 약간, 굵은 소금 약간

양념: 고춧가루 3큰술, 고추장 3큰술, 매실액 2큰술, 물엿 2큰술, 매실액 1큰술, 다진 마늘 1큰술,

🍽 순서

1   도라지는 굵은 소금으로 박박 씻은 뒤 헹궈 한입 크기로 채 썬다.

2   양념을 섞어 양념장을 만든 뒤 도라지와 함께 무친다.

3   깨를 뿌려 마무리한다.

TIP ─────────────────────────────

오이나 데친 오징어, 황태채 등을 넣어 함께 무쳐도 맛있다. 도라지의 아린 맛은 소금으로 문질러 씻으면 좀 나아지는데 너무 세게 씻으면 도라지가 너덜너덜해지니 주의한다.

그냥 먹어도, 비벼 먹어도 맛있는,
마른 나물볶음

취나물과 호박나물은 싱싱한 것을 데쳐 먹는 것이 아니라 말린 것을 불려서 다시 볶아 먹는 나물 중 하나이다. 물론 싱싱한 생물을 먹을 수도 있지만 말려서 보관했다 먹어도 맛있기 때문에 제철이 아닐 때도 나물을 즐길 수 있다.

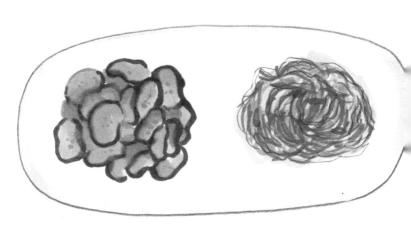

🍳 재료(4인분)

불린 취 200g, 불린 호박 200g, 맛간장 1큰 술, 참기름 2큰 술, 새우 젓 1큰 술, 새우젓 국물 1큰 술, 물엿 1/2 큰 술, 다진 마늘 3큰 술, 깨 약 간, 소금 약간

🍲 순서

1 불린 취는 맛간장과 참기름 1큰 술, 다진 마늘 1큰 술을 넣고 무친 뒤 볶는다. 이때 소금으로 간을 맞춘다.

2 불린 호박은 새우젓과 새우젓 국물, 참기름 1큰 술, 물엿과 다진 마 늘 2큰술을 넣고 볶아 준다. 국물이 없어질 때까지 볶아야 한다.

3 둘 다 깨를 뿌려 마무리한다.

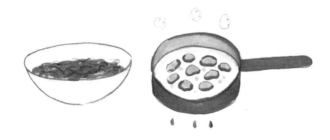

TIP

나물은 충분히 불려야 질기지 않다. 맛간장이 없을 때는 진간장과 국간장 을 반씩 섞어서 쓰되 여기에 맛술을 조금 넣어서 사용한다.

자다가도 벌떡 일어나는 나물 밥상

고등학교 2학년 때부터 친한 친구가 하나 있다. 성도 같고 이름도 비슷해서 가끔 자매냐는 질문을 받지만 솔직히 녀석과 나는 극과 극의 성격이다.

나는 사람과 사람의 관계에서 만들어지는 화학작용이나 분위기에 예민한 대신, 잠자리나 먹거리, 마실거리는 그다지 예민하지 않다. 머리 댄 곳에서 잘 수 있고 맛있는 것을 좋아하기는 하지만 맛집을 찾아다니며 먹는 편은 아니다. 솔직히 커피나 차 맛도 잘 몰라서 적당히 입에 들어갈 수 있을 정도면 군소리 없이 마시는 축에 속한다.

헌데 이 친구는 향과 맛에 대단히 민감하다. 그리고 잠자리도 엄청 가린다. 집이 아닌 낯선 곳에서는 물론이고, 집에서도 주변에서 다른 소리가 나면 잠을 설치는 예민함을 가지고 있다. 대신 인간관계에서는 무디고 느리다. 어떻게 보면 무심할 정도로 신경을 쓰지 않는 부분이 있어서 어떤 때는 무척 무뚝뚝해 보이기까지 한다.

식성도 좀 다른데, 산미가 있는 커피를 즐기는 이 친구와는 달리 나는 고소한 맛이 강해야 좋아한다. 난 달달한 것 마니아고, 친구는 매운 것을 좋아한다. 나는 고기를 삼시 여섯 끼 먹을 수 있지만, 친구는 고기를 별로 좋아하지 않는다. 따지고 들면 공통점이라고는 하나 없는 우리가 이견 없이 좋아하는 밥상이 바로 나물 밥상이다.

이 친구도 나도 나물이라면 자다가도 벌떡 일어난다. 그래서 함께 밥 먹을 일이 있으면 나물이 많이 나오는 식당을 일순위로 가서 꼭 몇 번씩 더 달라고 해서 먹곤 한다.

몇 년 전, 오랜 외국 생활을 하다 잠시 한국에 나온 이 친구를 데리고 강원도 원주를 간 적이 있다. 목적은 하나였다. 푸짐한 푸성귀와 나물이 있는 밥상이 있는 음식점에 데리고 가는 것. 그리고 그날 우리는 마른 나물에 대한 원을 다 풀었다. 지금도 가끔 그녀와 나는 그때 그 밥상 얘기를 한다. 두 사람을 동시에 행복하게 하는 밥을 먹으러 한 번 더 여행을 떠나야 할 것 같다.

20
일
차

매운맛 • 단맛 • 담백한 맛

고추 된장무침
방울토마토 마리네이드
해초전

손이 별로 가지 않는데 해 놓으면 참 맛있는 반찬들이 있다. 고추 된장무침이 대표 격이 아닐까 싶다. 아삭이고추가 가진 상큼함을 된장의 짭짤하고도 뭉근한 맛이 제대로 살려 주기 때문이다. 여기에 미리 만들어 숙성시켜 놓은 비밀 쌈장이 있다면 더할 나위 없겠지만, 없으면 또 없는 대로 담백하게 먹는 것도 좋다.

토마토 마리네이드는 일단 색감이 예뻐서 유리그릇에 담아 내 놓으면 눈길을 끄는 요리이다. 기름진 회(연어, 송어 등)에 곁들이거나 바게트 위에 올려 부르스케타로 먹어도 좋다. 그 자체로도 맛있지만 빵이나 담백한 파스타에도 어울리고, 차가운 냉 파스타의 고명으로도 훌륭하다. 여러 모로 쓰임이 좋은 메뉴이다.

해초 역시 무쳐 먹는 것도 좋지만 전으로 부치면 또 다른 맛을 느낄 수 있다. 해초 특유의 식감이 바삭한 전과 묘하게 어우러져 계속 손이 가는 음식이다.

고추와 된장으로 완성되는,
고추 된장무침

너무 쉽고 간단해서 반찬이라고 하기에도 민망하지만 밥도둑 역할을 충분히 하기 때문에 반찬이 아니라면 서운하다. 아삭하고 짭짤한 맛이 일품인 고추 된장무침으로 한 끼를 즐겨 보자.

🔩 재료(2인분)

아삭이고추 5개, 비밀 쌈장 1큰술, 된장 1큰술, 올리고당 1/2큰술, 깨
약간

🍽 순서

1 아삭이고추는 잘 씻어 한 입 크기로 자른다.

2 비밀 쌈장(101쪽 참고)과 된장, 올리고당을 섞어 고추에 버무린
   다. 깨를 뿌려 마무리한다.

TIP

비밀 쌈장이 없을 경우, 된장에 일반 쌈장을 2:1로 섞어서 쓴다. 이때 올
리고당의 양을 조금 늘리고, 참기름이나 들기름으로 고소함을 더해 보자.

전체로도 후식으로도 잘 어울리는,
방울토마토 마리네이드

색색의 방울토마토와 새콤달콤한 양념 맛이 어우러진 방울토마토 마리네이드는 식전에 먹는 전체 요리로도, 샐러드로도, 후식으로도 두루 잘 어울린다. 파스타 요리나 스테이크 요리에 곁들여 보자.

🏷️ 재료(4인분)

방울토마토 600g, 양파 2개, 파프리카 2개, 다진 마늘 1큰술, 발사미
코 식초 4큰술, 레몬즙 3큰술, 사과 식초 1큰술, 올리브오일 1/2컵, 소
금 · 후추 약간씩

🍲 순서

1 방울토마토는 꼭지를 떼고 뜨거운 물에 데쳐서 껍질을 벗긴다.

2 파프리카는 직화로 겉을 태워 껍질을 벗긴 후, 토마토 크기로 썰
   고 양파는 토마토보다 작게 썬다.

3 모든 재료를 한꺼번에 넣고 잘 뒤섞는다.

TIP

타임, 오레가노, 로즈마리, 파슬리 등 허브를 넣으면 풍미가 한결 좋아진
다. 방울토마토는 다양한 컬러를 섞어 넣어야 보기에 좋다. 2~3일 정도
냉장 보관이 가능하나 오일의 양이 많으면 굳어 버리니 주의해야 한다.

쫄깃한 맛이 매력적인,
해초전

마른 해초를 한 봉지 구비해 두면 무침은 물론 전으로도 활용할 수 있다. 알록달록한 해초의 색감이 다 드러나지는 않지만 식감이 살아 있는 독특한 전이 된다.

🍳 재료(4인분)

마른 해초 20g, 양파 1개, 대파 1/2단, 조갯살 1컵, 청양고추 1개, 당근 1/4개, 부침가루 3컵

🍲 순서

1 마른 해초는 냉수에서 1~2분 정도 불리고, 염장 해초는 30분 정도 소금기를 빼는데 이때 염장된 정도에 따라 담그는 시간은 가감한다. 조금 맛을 봐서 짠기가 약간 남아 있을 때까지 염기를 빼면 된다. 해초를 한입 크기로 잘라 물기를 뺀다.

2 양파와 대파, 청양고추는 잘게 다진다. 조갯살은 작은 것은 두고 큰 것은 등분한다.

3 모든 재료를 고루 섞고 부침가루에 물을 개어서 반죽을 만든다.

4 조금씩 떠서 부친다.

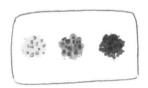

TIP
해초와 조갯살에도 염분기가 있고 부침가루에도 간이 어느 정도 되어 있지만, 좀 더 짭짤하게 먹고 싶다면 초간장을 곁들인다. 조갯살 없이 부쳐도 맛있다.

'입에 안 맞으니 먹지 않겠어!'가 아니라

몸에 좋은 음식을 좋아하는 것은 참 타고난 복이다. 나는 몸에 좋다는 채소나 과일을 별로 좋아하지 않는다. 달달한 음식과 고기는 자다가도 벌떡 일어나 먹을 수 있는데, 채소와 과일은 마음을 크게 먹어야 한두 입 먹을까 말까이다. 그나마 먹어야 한다는 자각은 있어서 갈아서도 먹고 일부러 챙기려 노력도 하지만 좋아하는 음식을 이기지는 못한다. 그나마 나물 종류를 좋아하고 과일을 갈아서 먹는 것은 잘 먹는 편이라 다행이다 싶다가도, 채소와 과일을 주식처럼 먹는 사람들을 보면 반성을 하곤 한다.

그중 가장 먹기 힘든 것 중 하나가 토마토이다. 좋아하는 사람들은 그 맛이 달고 신선하다고 하는데 난 아무리 잘 익은 것도 풋내가 나서 먹기가 영 힘들다. 그중 조금 나은 것이 방울토마토이다. 최근에는 대추토마토, 컬러토마토, 흑토마토 등 종류가 다양해져서 예전보다 먹기가 수월해졌다.

그래도 여전히 날 것 그대로는 먹기가 힘들다. 어쨌거나 먹기는 해야 할 것 같은 의무감이 들 때 만드는 것이 바로 방울토마토 마리네이드이다. 일단 새콤달콤한 양념과 양파의 아삭함이 더해지니 식감과 맛에서 도움을 받을 수 있다. 또 절인 방울토마토는 언뜻 신맛 도는 젤리 같기도 해서 마리네이드를 해 두면 이삼 일 정도 간식처럼 주섬주섬 먹게 된다.

예전 같으면 '입에 안 맞으니 먹지 않겠어!' 하고 치워 버렸던 음식도 이제는 궁리해서 먹을 방법을 찾는 것을 보면 나이가 들고 있긴 한 모양이다. 어쩌니 저쩌니 해도 건강에 대한 고민이 깊어지고 하루가 다르게 아픈 곳이 늘어나니 마음이 조급해진 까닭이리라.

생각난 김에 내일은 방울토마토를 종류별로 사다가 마리네이드를 해야겠다. 안 먹은 지 오래되었다는 생각에 문득 또 불안해졌다.